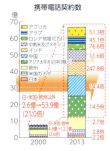

口絵1　世界における携帯電話の普及率
出典　総務省：情報通信白書 平成27年版
→ 詳細は p.9 参照

口絵2　携帯電話ネットワークトラヒック量の推移
出典　総務省：情報通信白書 平成27年版
→ 詳細は p.75 参照

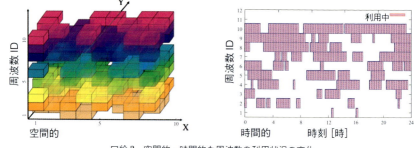

口絵3　空間的・時間的な周波数の利用状況の変化

→ 詳細は p.83 参照

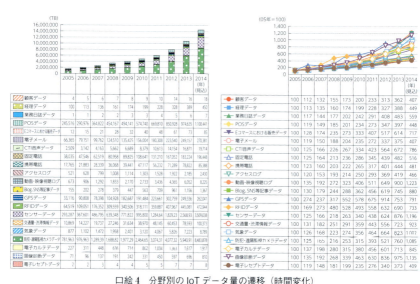

口絵4　分野別の IoT データ量の遷移（時間変化）

出典　総務省：情報通信白書 平成 27 年版

→ 詳細は p.172 参照

無線ネットワーク
システムのしくみ
IoTを支える基盤技術

塚本和也 [著]

コーディネーター 尾家祐二

KYORITSU
Smart
Selection

共立スマートセレクション

15

共立出版

共立スマートセレクション（情報系分野）
企画委員会

西尾章治郎（委員長）
喜連川 優（委　員）
原　　隆浩（委　員）

本書は，本企画委員会によって企画立案されました．

まえがき

　本書では，無線ネットワークシステムを幅広く学ぶにあたって，その必要性について読者に強く意識してもらうことを目的として，様々な内容を幅広く取り上げました．そのため，1つひとつの内容については，本書に紹介した内容では不足しており，より深い知識が必要になることも予想されます．その際には，各章末で紹介したウェブサイト，専門書，論文といった文献を参照して下さい．

　また本書では，執筆時点での最新の無線ネットワークシステムについて紹介していますが，この分野は新しい技術の開発が日進月歩で進んでいるため，読者の皆さんが本書を読む頃には，新しい技術が提案・利用されているかもしれません．しかし，本書では無線ネットワークシステムの進化の背景や変遷について，できるだけ幅広く紹介するように心がけています．基本的な技術の進化の方向性は大きく変わらないと思いますので，まずはどのような種類の技術なのか，背景からたどって情報を整理してみると，新しい技術についても理解することができるでしょう．

　携帯電話ネットワークをはじめとする無線ネットワークシステムは，すでに皆さんの日常生活と非常に深く関わっています．皆さんは通勤・通学する際に乗車する電車やバスでの移動中に，Yahoo!などのニュースサイトでの情報収集，YouTubeなどの動画を中心としたコンテンツ視聴，およびTwitterやLINEといったSNSアプリを用いた身近な友人・知人とのコミュニケーション，Amazonや楽天などを用いたインターネットショッピング，そしてゲームな

どを行っていると思います．通勤・通学などの際の公共交通機関では，乗客の8割くらいはスマートフォンに目を落としているように見受けられます．日常生活の中では特に意識することはないのですが，これらの利用形態は無線ネットワークシステムがなくては実現できません．無線ネットワークシステムを用いることで「いつでも」，「どこでも」通信することを実現し，インターネットを用いることで「誰とでも，自由に情報収集/コミュニケーションを行う」ことを実現することができます．このように無線ネットワークシステムは，私達の社会活動における利便性や生産性に，すでに大きな影響を与えています．

無線ネットワークシステムは，主に音声通信を対象として開発された「携帯電話網」を計算機ネットワークである「インターネット」に接続するための取り組みと，インターネットへのアクセスのための「計算機ネットワークの無線化」の取り組みの2つが融合する形で発展してきました．本書ではこの流れを強く意識した上で，「移動しながらの無線ネットワークシステムの利用」を実現するための技術としくみについて説明しています．

また本書では，難解な技術を容易に理解できるよう，難しい数式などは用いずに，図表を多く使って説明するように心がけています．上記のような観点から，本書では以下のような構成と意図によって執筆されています．

第1章では，無線ネットワークシステムの利用者の視点から，私達はどのように無線通信を利用しているか，また，その利用形態や利用方法の変化について，平成27年度（一部，平成28年度）の総務省『情報通信白書』に掲載されている内容に基づき説明しています．現在の無線通信の利用状況や方法を理解することは，無線ネットワークシステムの技術やしくみを理解する上で必要不可欠になる

と考えます．

　第2章では，無線ネットワークシステムを実現するための様々な技術としくみについて詳細に説明しています．特に利用者にとって最も身近な通信機器であるスマートフォンで採用されている無線技術を中心に，携帯電話網と計算機無線ネットワークという2つの流れに重点をおいて説明するようにしています．

　第3章では，これらの無線通信の実現に必要な無線周波数資源に関する利用状況の現状と，今後の利用展望について概説した上で，将来発生することが予想される問題点とその解決手法について説明しています．

　第4章では，無線ネットワークシステム利用者の通信可能範囲を拡大するための移動支援技術について，それぞれの特徴を詳細に説明しています．

　第5章では，無線ネットワークシステムの利用エリアを拡大するための取り組みについて幅広く説明しています．つながる世界を物理的に広げるには，無線通信範囲を空間的に広げることを支援する技術が重要となるため，それらの技術についての各種の取り組みを説明しています．

　第6章では，近い将来に実現が予想される「モノのインターネット」によって，新たに実現可能となる利用例について説明し，さらに利用例を実現するための新しい技術やコンセプトについても説明しています．

　本書が，複数かつ複雑であり，一見難解な印象を与える無線ネットワークシステムの構成技術やしくみについて理解する上での一助となれば幸いです．その結果，読者が無線ネットワークシステムをうまく利活用できるようになり，社会活動の利便性や生産性を向上させるためのきっかけとなれば，その目的は達成されたと考えま

す．また，本書を通して無線ネットワークシステムに興味を持った読者が，より高度な専門領域の学習へと発展していくためのきっかけとなれば幸いです．

　なお，本書を執筆するにあたり，情報ネットワークを専門とする福岡工業大学の田村瞳助教には，本書の内容全般について出版に至るまで原稿をチェックして頂きました．最後になりますが，ここに深い謝意を表します．

2017 年 1 月

塚本和也

目　次

① 無線通信の利用形態と利用方法の変遷 …………………………… 1

 1.1　現在の無線通信の利用形態　2
 1.2　利用形態の変遷　―無線による電話通信（携帯電話）―　6
 1.3　利用形態の変遷　―無線による計算機通信―　12
 1.4　将来の無線通信の利用形態
  　　―無線で何でもつながる世界（IoT）へ飛び込もう―　17
 文　献　25

② 無線ネットワークシステムのしくみと変遷 ………………… 27

 2.1　移動（モバイル）通信の登場
  　　―自動車電話から携帯電話への発展―　27
 2.2　携帯電話システム（セルラー）の進化の過程　29
 2.3　無線 LAN の発展　42
  2.3.1　MAC 層の動作　45
  2.3.2　物理層の動作（高速化）　52
 2.4　その他の無線ネットワークシステムの進化　57
 2.5　無線ネットワークシステムの新しい利用形態　62
 文　献　65

③ 無線通信の利用拡大に対応するための技術と課題 ……… 67

 3.1　無線周波数資源とその特性　67
 3.2　今後の無線周波数資源への要求とその課題　74
 3.3　トラヒックオフロード技術の概要とその課題　78
 3.4　コグニティブ無線技術の概要とその課題　81
 文　献　94

④ 移動しながらの通信を可能にする技術 ……………………… 97

- 4.1 モバイルインターネットのための基盤　98
- 4.2 ユーザ移動がインターネット通信に与える影響　107
- 4.3 移動支援技術（プロトコル）とは？　115
- 4.4 IP モビリティ（ネットワーク層）　119
  - 4.4.1 モバイル IPv4　119
  - 4.4.2 モバイル IPv6　123
  - 4.4.3 モバイル IPv6 の拡張プロトコル　126
  - 4.4.4 モバイル IPv6 の普及に向けた取り組み　128
- 4.5 トランスポートモビリティ（トランスポート層）　130
- 4.6 セッションモビリティ（セッション層）　133
- 4.7 移動支援プロトコルの比較と問題点　135
- 4.8 ハンドオーバ管理機構　137
- 4.9 移動支援プロトコルの普及状況と今後の展望　139
- 文　献　139

⑤ 無線マルチホップネットワーク ……………………………… 143

- 5.1 モバイルアドホックネットワーク（MANET）　144
- 5.2 無線メッシュネットワーク（WMN）　146
- 5.3 無線センサネットワーク（WSN）　147
- 5.4 遅延耐性ネットワーク（DTN）　148
- 5.5 車両アドホックネットワーク（VANET）　149
- 5.6 モバイルアドホックネットワークに適したルーティングプロトコル　150
- 5.7 コグニティブ無線を適用した VANET　155
- 文　献　161

⑥ これからの無線ネットワーク —IoT ネットワーク— … 163

6.1 IoT サービスの概要　　163
6.2 IoT サービスの構成要素　　166
6.3 IoT サービス実現に向けた課題　　167
6.4 モバイルエッジコンピューティング　　171
文　献　　183

IoT 時代が到来する今，それを支える先進的無線ネットワーク
システムのしくみを学ぼう
（コーディネーター　尾家祐二） ……………………………………　185
索　引 …………………………………………………………………　191

① 無線通信の利用形態と利用方法の変遷

　今やインターネットは，私達の日常生活にないと困るものの1つになるほど発展してきました．このインターネットを利用する手段としては，1990年頃は自宅や通学先，勤務先などの固定された場所において「ウェブ」や「メール」といったサービスを利用するために，デスクトップパソコン（PC）を用いていました．その後，2000年頃からノートPCの登場と無線LANの普及によって，空港や店舗などの特定のスポットにおいてインターネットサービスを受けることが可能となりました．

　さらに今では，スマートフォン[1]やフィーチャーフォン[2]，タブレット[3]などの多様な無線通信（モバイル）端末の登場と携帯電話

---

[1] インターネット上のサービスをPCと同様に享受できる携帯電話．例としてはiPhoneやAndroid端末が挙げられる．
[2] スマートフォン以外の携帯電話であり，使いやすさなどの目的別に特化している．
[3] インターネット上のサービスをそのまま利用できる，持ち運び可能な薄型PC．例としてはiPad端末が挙げられる．

をはじめとする，複数の無線通信網の普及によって，私達は自宅や通学先，勤務先だけではなく，そこへの移動中においても「情報収集」や「動画などのコンテンツ視聴」および「身近な友人とのコミュニケーション」，「インターネットショッピング」を行うことが可能となっています．このように，インターネットを利用する手段としての主流は固定端末からモバイル端末へと移っているのが現状であり，私達の日常生活と無線通信は切っても切れない関係になっています．

すなわち，インターネットによって "誰とでも，自由にコミュニケーション／情報収集すること" が実現されていますが，無線通信によって，さらに "いつでも，どこでも通信すること" が実現されています．このように「無線通信」は「インターネット」をさらに私達の身近なものにしていることがわかります．

1.1　現在の無線通信の利用形態

本節では，無線通信を用いてインターネットをどのように利用しているかという点に着目し，総務省によって毎年公表されている情報通信白書 [1] とシスコシステムズ社の報告書 [3] を "無線通信の利用者" という視点から適宜参照した上で，現状を概観していきます．もし，わからないことや立ち止まってしまうことがあれば，本書だけでなくインターネットや文献，書籍などを利用して情報を探してみて下さい．特にインターネットでは，必要な情報をリアルタイムに，そして効率的に検索できるしくみが構築されています．ただし，全ての情報が正しいとは限りませんので，その点を注意して利用して下さい．

まず，インターネットの利用時間と利用端末種別を調査した結果をまとめた図 1.1 を見てみましょう．この図から，20〜50 代ではパ

① 無線通信の利用形態と利用方法の変遷　3

〈平日1日〉

		ネット利用 平均利用時間(単位:分)			ネット利用行為者率(%)		
		PC	モバイル	タブレット	PC	モバイル	タブレット
全年代	24年	34.9	37.6	1.3	32.5	59.4	2.4
	25年	34.1	43.2	3.2	28.9	59.9	4.2
	26年	30.9	50.5	3.5	28.5	62.9	5.0
10代	24年	32.4	75.7	3.2	23.4	71.2	3.6
	25年	17.4	81.7	4.7	19.8	66.9	5.0
	26年	14.3	86.6	7.4	13.9	71.1	7.9
20代	24年	42.7	73.2	0.9	33.8	83.6	2.5
	25年	48.6	91.3	2.2	31.2	85.2	2.9
	26年	44.3	106.5	4.3	29.4	86.4	5.0
30代	24年	35.4	42.8	1.1	35.0	75.0	2.0
	25年	28.1	57.0	3.2	31.6	82.9	5.2
	26年	27.3	57.0	4.3	28.1	80.6	6.0
40代	24年	43.9	30.3	1.9	39.2	62.6	4.0
	25年	40.6	29.7	3.8	35.3	64.0	5.4
	26年	38.5	42.4	3.1	34.7	67.3	4.3
50代	24年	33.5	17.5	1.1	36.5	46.9	2.3
	25年	37.4	20.9	4.2	32.4	48.0	4.7
	26年	33.5	33.2	3.1	34.5	57.1	5.7
60代	24年	22.4	12.7	0.4	23.8	28.5	1.0
	25年	27.6	8.6	1.8	19.3	22.0	2.2
	26年	22.2	9.1	1.3	23.5	25.5	3.2

〈休日1日〉

		ネット利用 平均利用時間(単位:分)			ネット利用行為者率(%)		
		PC	モバイル	タブレット	PC	モバイル	タブレット
全年代	24年						
	25年	29.6	53.7	4.7	24.9	59.3	4.8
	26年	28.9	68.5	5.4	23.1	63.5	6.0
10代	24年						
	25年	21.4	126.4	13.6	16.5	71.9	10.8
	26年	32.5	140.9	13.1	15.7	72.9	10.0
20代	24年						
	25年	48.5	123.1	3.0	31.4	87.4	3.1
	26年	52.3	142.7	7.3	25.8	86.9	5.9
30代	24年						
	25年	29.0	60.6	5.0	27.6	79.7	4.5
	26年	16.7	78.1	6.6	21.7	80.8	8.2
40代	24年						
	25年	33.9	36.6	4.8	31.8	61.8	5.1
	26年	24.7	53.3	3.7	23.8	67.3	5.6
50代	24年						
	25年	26.7	19.3	3.0	23.0	45.3	4.7
	26年	32.5	42.6	3.1	28.6	58.8	4.7
60代	24年						
	25年	18.0	7.9	2.9	16.0	22.3	3.3
	26年	22.7	8.5	3.0	20.7	25.7	3.7

図 1.1　インターネット利用率と利用端末種別

出典　総務省:情報通信白書 平成 27 年版

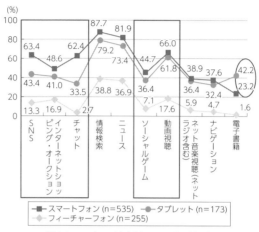

図 1.2　モバイル端末別のサービス利用率
出典　総務省：情報通信白書 平成 27 年版

ソコンによるインターネット利用が微減している一方，特に 10〜20 代の若年層を中心にスマートフォンなどのモバイル端末によるインターネット利用（時間と利用率ともに）が急激に増加していることがわかります．この結果から，最近のスマートフォンの普及によって，モバイル端末を用いたインターネットの利用が若年層を中心に急速に普及しており，インターネットの利用手段として主流となっていることがわかります．

　次に，モバイル端末を用いて，ユーザがどのようなサービスを利用しているか，について調査した結果が図 1.2 に示されています．モバイル端末の種類によって利用率に違いはあるものの，「情報検索」，「ニュース」の利用率は端末の種類によらずに共通して高い値となっていることがわかります．しかし一方で，スマートフォン利用者は上記に加えて，「SNS」，「チャット」，「動画視聴」の利用率が全て 60% 以上と高い頻度となっているものの，フィーチャーフ

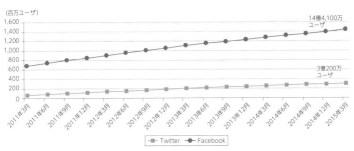

図 1.3　Facebook, Twitter のユーザ数の推移
出典　総務省：情報通信白書 平成 27 年版

ォン利用者の利用率は 20% 以下と，大きな差が生じていることがわかります．

近年，若年層を中心にインターネットを利用した相互（双方向）コミュニケーションが可能なメディアの SNS（ソーシャルメディアネットワーキングサービス）や，YouTube やニコニコ動画といった動画コンテンツの視聴サイト，LINE などのチャットアプリケーションが急速に普及しています．特に**図 1.3** に示すように，Facebook のユーザ数は 2015 年 3 月時点で 14 億人に達しており，全世界の 20% の人がこのアプリケーションをすでに利用していることになります．

これまで見てきたように，現在の日常生活において必要な，ユーザのありとあらゆる要求を満たすために，"いつでも"，"どこでも"，"誰とでも" 通信するための手段として，無線通信が非常に重要な役割を果たしていることがわかります．そこで次節以降では，この無線通信の歴史を振り返り，どのように進化・普及してきたのかを概説します．

1.2 利用形態の変遷
―無線による電話通信（携帯電話）―

筆者（30代後半）が最初に無線通信に触れたのは携帯電話による音声通話でした．つまり，一般のユーザに普及した最初の無線通信サービスは携帯電話による電話（音声）通話といえます．ただし，20代やもっと若い方にとっての初めての無線通信は，電話通信ではないかもしれませんね．

● 日本における携帯電話の普及

「電話による音声通信サービス」が日本に初めて紹介されたのは，米国のペリーが黒船に乗って日本を2回目に訪問した1854年と今からわずか150年ほど前のことで，当時の徳川幕府に献上されました．その後，1869年に東京〜横浜間で公衆電報サービスが開始され，1890年（米国で電話機が開発されてから，わずか14年後）には電話通信サービスが開始されています．

ただし，この時の電話サービスは固定の電話機による音声通信であり，ユーザが移動しながら通話することはできませんでした．これに対して，移動時の通信を可能とする携帯電話は，1979年に電電公社（現在のNTT社）によって自動車電話サービスとして開始されました．当初の携帯電話サービスは自動車内でのみ利用することが想定されていたため，通信可能なエリア（サービスエリア）も高速道路沿いから整備されました．それではなぜ，携帯電話は自動車電話サービスから開始されたのでしょうか？　答えは自動車が持つ特徴にあります．具体的には，自動車は(1)充分な電力（バッテリ）と(2)大きなボディを保有しているため，サイズの大きな電話機本体をトランクに搭載し，バッテリから給電した上で，受話器（ハンドセット）は車内配線され，運転席の横脇などに設置されて

いました．このように新たな技術の導入時に，全く別分野といえる車両を対象にサービスが開始された点は大変興味深い点だと思います．

その後，車両ではなく携帯電話専用の端末の開発が急速に進められ，1980年代終りにはショルダーフォンという肩掛け式の端末が開発され，1990年代始めの時期には手のひらサイズの小型端末へと進化しています．このタイミングと同時期に，新しいサービスとして簡易型携帯電話システム（PHS）や無線呼び出しサービス（ポケットベル）などが登場しましたが，携帯電話のサービスの高度化によって自然淘汰されていき，普及には至りませんでした．

このように通信端末の小型化が進み，持ち運びできるようになったことで，人々が気軽に端末を保持した上で社会活動を行うようになってきました．その結果，当初は高速道路沿いだけで展開されていた携帯電話サービスが，人々の生活圏を含む，さらに広い範囲で利用できるようになりました．平成25年11月末時点の日本国内の携帯電話のサービスエリアは全国民の居住エリアの99.97%[4]と，ほぼ「いつでも」，「どこでも」携帯電話を利用できる状況まで普及していることがわかります．

図1.4に固定電話および携帯電話の利用者数の遷移を示します．この図より，携帯電話の利用者数は1996年から2002年まで年間1000万人ずつ増加しており，2000年には携帯電話の利用者数が固定電話の利用者数を超え，その後も順調に増加を継続していることがわかります．このことから，現在では携帯電話は音声通信サービスの主役になっているといえます．

この携帯電話の爆発的な普及のきっかけとなったのが，国際電気通信連合（ITU：International Telecommunication Union）で

---

[4] http://www.soumu.go.jp/main_content/000287492.pdf

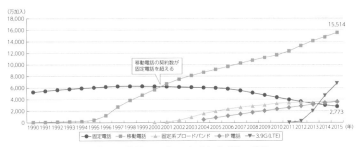

図 1.4　通信サービスの加入契約者数の推移
出典　総務省：情報通信白書 平成 27 年版

策定された第 3 世代移動通信システム（IMT-2000：International Mobile Telecommunications-2000）でした．その目的は，それまで主に有線通信で用いられてきたインターネット上のマルチメディアサービスを携帯電話によって提供することでした．日本では世界に先駆けて，第 3 世代移動通信システムの高速かつ高品質なサービス（一般的には 3G サービスと呼ばれています）が開始されました（第 2 章にて詳述します）．

この 3G サービスの登場によって，携帯電話によるインターネットサービスの利用が可能となり，最初は電子メール中心のサービスから，その後にはパソコンなどと同様にウェブサイト閲覧などのサービス[5]が普及し，携帯電話のユーザ数が急増しました．その結果，2002 年末には携帯電話の契約者の 80% がインターネットを利用しており，2005 年末には，携帯電話などの移動端末によるインターネット利用者数がパソコンによるインターネット利用者数を上回り，携帯電話がインターネット接続手段としても主役となりました（**図 1.5**）．

---

[5] 携帯電話専用の規格で構築されたウェブサイトに限定される．

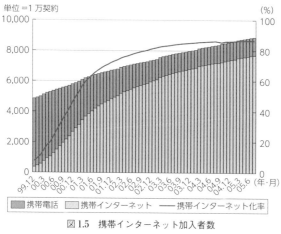

図 1.5 携帯インターネット加入者数
出典　電気通信事業者協会

次に大きな転機となったのが，2007 年に Apple 社から発売されたiPhoneに代表されるスマートフォンの登場でした．このスマートフォンは「携帯電話」と「インターネット」の融合をさらに進めることになりました．持ち運びに不便だったパソコンと同様の機能が手のひらサイズのスマートフォンに搭載されることになり，インターネット上で利用されてきた多様なサービス（コンテンツやアプリケーション）が携帯電話でそのまま利用できるようになりました．

● 世界における携帯電話の普及

ここまでは日本国内における携帯電話の普及の流れについて説明してきましたが，今度は世界規模での携帯電話の普及状況について見ていきましょう．携帯電話が 2000 年以降で急速に普及した地域として顕著なのはアフリカです．図 1.6（口絵 1）を見てみましょう．

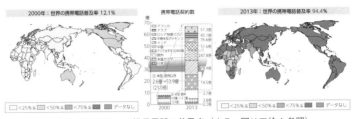

図 1.6　世界における携帯電話の普及率（カラー図は口絵 1 参照）
出典　総務省：情報通信白書 平成 27 年版

この図は全世界の携帯電話普及率を 2000 年と 2013 年で比較しています．2000 年時点では，日本，北米，欧州などの一部の国では普及率が 50% を超えているものの，世界全体での携帯電話普及率は 12.1% であり，新興国のほとんどでは 25% 以下となっていました．これに対して 2013 年度時点では，世界全体での普及率が 94.4% と，この 13 年間で全世界に携帯電話が爆発的に普及していることがわかります．

特にアフリカ諸国での携帯電話は爆発的に普及し，2014 年時点での人口普及率は 84.7% と，11 年間で約 10 倍に増加していることがわかります（**図 1.7**）．携帯電話のための無線通信網は，固定通信網とは異なり，複数の利用者を同時に収容できる基地局を整備することで構築でき，投資コストや維持管理コストを抑えることができます．これが，爆発的な普及の要因になっているといえます．加えて，携帯電話が得意な「音声や動画などのマルチメディアの通信サービス」は，全ての人々が最も利用しやすいアプリケーションといえるため，爆発的に普及したと考えられます．

アフリカでは，携帯電話は「モバイル送金サービス」や「エボラ出血熱への対策などの一斉の情報提供」のためのツールとしても利用され，金融や医療など様々な分野での産業革新や生活改善が始まっています．この急激な社会経済の変化は「モバイル革命」とも呼

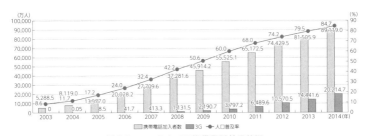

図 1.7 アフリカでの携帯電話普及状況
出典 『Telegeography』2014 年 12 月資料をもとに作成

ばれています．これ以外にも中国やインド，ASEAN 諸国といった新興国において，SNS やチャット，e コマースなどの利用が急増しています．

● 携帯電話網トラヒックの急増

これまでに説明したように，当初，無線通信は音声電話からスタートし，その後のインターネットサービスの普及に伴い，計算機ネットワークおよび計算機（PC）との融合が進められてきました．現在では，携帯電話に取って代わり，スマートフォンが世界的な規模で爆発的に普及しています．また，普及した携帯電話は，各国の様々な特性に応じて，多様な利活用が進んでいることがわかります．

その結果，携帯電話網を流れるトラヒック量は急増しており，日本国内では**図 1.8** に示すように，平成 27 年 3 月時点のトラヒック量が平均 969.0 Gb/s と，年間約 1.4 倍のペースで増加していることがわかります．加えて，シスコシステムズ社の報告書 [3] によると，モバイルデータのトラヒック量は，過去 10 年間で 4,000 倍，過去 15 年間ではほぼ 4 億倍に増加した，といわれています．そのため，携帯電話の通信速度の向上速度がモバイルデータトラヒックの増加

集計年月	平成25年6月分			平成25年9月分			平成25年12月分			平成26年3月分		
月間平均トラヒック	上り	下り	上下合計	上り	下り	上下合計	上り	下り	上下合計	上り	下り	上下合計
平均 (Gb/s)	49.4	420.4	469.8	56.6	489.8	546.4	65.3	520.8	586.2	80.0	591.7	671.7

集計年月	平成26年6月分			平成26年9月分			平成26年12月分			平成27年3月分		
月間平均トラヒック	上り	下り	上下合計	上り	下り	上下合計	上り	下り	上下合計	上り	下り	上下合計
平均 (Gb/s)	90.5	639.3	729.8	96.0	726.4	822.4	113.4	757.5	870.9	123.3	845.7	969.0

※平成24年3月以前はWireless City Planningを除く5社.

図1.8 携帯電話網のトラヒック量の増加(月別)
出典 総務省:情報通信白書 平成27年版

速度に追いつかない,といった問題が顕在化しつつあります.これについては,第3章で詳細に説明します.

1.3 利用形態の変遷
―無線による計算機通信―

無線を用いた計算機通信は,1970年代始めにハワイで誕生しています.皆さんご存じのようにハワイは多くの島々から構成されています.この地理的制約のため,ハワイ大学本部に設置されているメイン(中央)コンピュータを,各島に分散しているキャンパスから利用するためのネットワーク構築が不可欠でした.しかし,海底に専用の有線ケーブルを敷設するのはコスト面で現実的ではないため,ハワイ大学の教授だったNorman Abramsonと彼の仲間達が4つの島に分散して設置されていた計算機同士を無線接続する新たなネットワーク,ALOHANETを提案しました.このALOHANETには短波無線帯(400 MHz帯)が用いられており,協調関係にない複数の計算機が1つの周波数を共有するための多重アクセスプロトコルを初めて提案しています.

その後,ゼロックスのパロアルト研究所の研究員だったRobert

Metcalfeが，ALOHANETで用いられた多重アクセスプロトコルの概念を参考に，自社の複数の計算機を接続する目的で有線LAN（Local Area Network）を考案しました．これが後にイーサネットへと発展し，現在広く普及している10Gイーサネットの礎を築きました．このように，有線LANとして普及しているイーサネットで用いられている多重アクセスプロトコル（制御）が，無線通信を用いる計算機通信ネットワークALOHANETに起因するのは興味深い点です．

このイーサネットはオフィスや家などの屋内で計算機通信のための高速ネットワークを提供できるものの，有線ケーブルの敷設コストや柔軟性の欠如などの問題点が存在しました．そこで，ケーブルという鎖を解き放すことが可能な「電波を利用した無線通信」によるLAN（以降，無線LANと呼ぶ）に対する要望が高まってきました．この要望を受けて，米国電気電子技術者協会（IEEE：Institute of Electrical and Electronics Engineers）の802.11委員会を中心に，1990年頃から無線LANに関する標準化が開始されました．

その結果，1997年に最初の無線LAN規格として802.11規格が標準化され，その後，高速化を目的とした複数の規格が順次提案されてきました．最新の規格802.11 acでは最大6.9 Gb/sと，有線LANと同程度の通信速度を無線通信によって提供可能なまでに，高速化を実現できています（詳細は2.3節で説明）．

この無線LANが爆発的に普及した理由の1つとしては，その通信に用いられる周波数帯に関する特性および利用条件を挙げることができます．国際電気通信連合（ITU：International Telecommunication Union）では，産業・科学・医療を目的とした高周波エネルギー源として主に900 MHz／2.4 GHz／5.8 GHz帯を割り当て

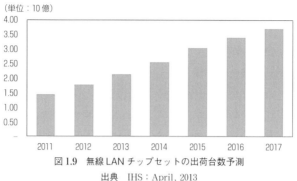

図 1.9 無線 LAN チップセットの出荷台数予測
出典　IHS：April, 2013

ています．この周波数帯を利用する場合，無線出力電力を含む幾つかの条件を満足すれば，ライセンスの取得が不要で，自由に利用することができます．無線 LAN では，2.4 GHz と 5 GHz の周波数帯について条件を満たす範囲内で利用するため，企業がライセンスを取得することなく，自由に無線通信端末を製造・販売できます．その結果，無線 LAN は爆発的に普及し，2015 年では全世界で 30 億台の無線 LAN チップセットが出荷されており，今後も順調に出荷台数が増加していく予測がされています（**図 1.9**）．

　無線 LAN の普及により，米国では 2000 年頃から，日本では 2002 年頃から，住宅内やオフィスだけでなく，駅や空港などの公共の場所（ホットスポットといわれる）での無線 LAN 通信サービスが提供されるようになり，持ち運び可能なノート PC の普及も相まって，それまで固定端末で利用していたウェブやメール，現在ではマルチメディア化した多種多様なインターネットアプリケーションを外出先のホットスポットで利用することが可能となりました．2015 年時点で，日本国内だけで数十万箇所，世界では 6,400 万箇所のホットスポットが存在するといわれており，市街地を中心に様々な場

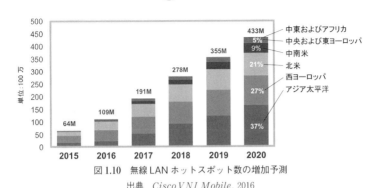

図 1.10 無線 LAN ホットスポット数の増加予測
出典 *Cisco VNI Mobile*, 2016

所で公衆無線 LAN サービスが提供されており，今後もホットスポット数は増加すると予想されています（**図 1.10**）．

最近では，前節で説明したスマートフォンの普及に伴うトラヒックの急増に対する解決策として，携帯電話の通信事業者が無線 LAN の活用に着目しています．携帯電話の通信事業者は，携帯電話網上を流れるトラヒックを無線 LAN にオフロードする目的で，市街地を中心に多数のホットスポットを新たに設置しています．

これは，最近のスマートフォンが携帯電話用の通信チップに加えて，無線 LAN チップを標準搭載しているため実現できるようになったといえます．一方でユーザにとっても，無線 LAN を利用する場合，一般的には通信料金が必要なくなるため，通信料金を抑える目的で積極的に無線 LAN を利用する人が増えています．シスコシステムズ社の報告によると，2015 年にはモバイルオフロードのトラヒック量が毎月 3.9 エクサバイト[6]まで増加しており，初めて携帯電話網上のトラヒック量を超えた（51％）と報告されています．

---

[6] 2^{60} を指し，1 エクサバイト =1000 ペタバイトとなる．なお 1 ペタバイト =1000 テラバイト，1 テラバイト =1000 ギガバイトとなる．つまり，1 エクサバイトは 10 億ギガバイトとなる．

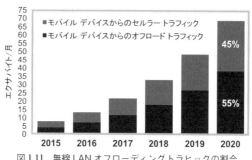

図 1.11　無線 LAN オフローディングトラヒックの割合
出典　*Cisco VNI Mobile*, 2016

図 1.11 に示すように，今後もオフロードされるトラヒックの割合は増加すると予想されており，引き続き無線 LAN の利用が増加することは間違いないと考えられます．

最後に，無線 LAN の新しい利用用途として，災害対応サービスが注目されています．これは 2011 年の東日本大震災において携帯電話網が切断され，その後復旧に約 1 ヶ月を要したことを教訓として，災害発生時の携帯電話網の代替手段として無線 LAN の利活用の重要性が認識されました．これを受けて，2014 年に無線 LAN ビジネス推進連絡会が大規模災害発生時における公衆無線 LAN の無料開放に関するガイドラインを公開しています．ガイドラインの主な内容は以下になります．

(1) 契約している通信事業者に関わらず，すべての人が無料で無線 LAN を利用できるようにする．
(2) 統一した SSID として，「00000JAPAN」を使用する．

この災害対応無線 LAN サービスは，2016 年 4 月 14，16 日に発生した熊本地震において日本で初めて運用され，携帯電話事業者によって，九州全域で約 55,000 のアクセスポイントを確保し，4 月 28

日までにはほぼ全ての避難所に設置が完了しています．なお，2016年8月時点でも熊本県，岩手県などの被災地の避難所において稼働しています．

1.4 将来の無線通信の利用形態
―無線で何でもつながる世界（IoT）へ飛び込もう―

ユーザの視点から見た場合，無線通信端末が，インターネットに接続するための入り口として最も印象に残ります．前節までに述べたように，当初はインターネットにつながる端末は固定端末（デスクトップPC）に限られていましたが，その後，携帯電話の普及によってモバイル無線通信が可能となり，現在のスマートフォンにおいてもパソコンと同様のサービスをモバイル無線通信によって享受できるようになりました．一方で，薄型ノートPCの進化によってタブレット端末が登場し，現在では動画視聴や電子書籍の利用時に役立っています．

スマートフォンやタブレット端末などが，これまでの無線通信の普及を牽引してきたことは言うまでもありません．さらには今，「いつでも，どこでも，何でも，誰でも」インターネットにつながるユビキタスネットワークを，従来の通信端末だけではなく，様々な「モノ」がセンサと無線通信を介してインターネットの一部として構成する「モノのインターネット」（IoT：Internet of Things）というコンセプトで捉えられるようになっています．

このIoTのコンセプトは，世の中の「ありとあらゆるモノ」がインターネットにつながり，互いに情報をやりとりすることで，モノのデータ化やそれに基づく自動化が進展し，新たな付加価値を生み出す，という考え方です．今後，インターネットに新たに接続されると期待される通信端末としては，次の3種類が挙げられます．

(1) ウェアラブルデバイス
(2) コネクテッドカー，オートノーマスカー
(3) 自律ロボット

● **ウェアラブルデバイス**

　ユーザ自身の身体に装着して利用する通信端末のことで，メガネ型や時計型，リストバンド型などに大別することができ，すでに各企業から製品が発表・発売されています（**図1.12**）．

　近年，急速にウェアラブルデバイスの実用化・商品化が進んだ背景としては，

(1) センサ機器をはじめとするデバイス自体の小型化・軽量化が進み，使用者の装着時の負担や違和感が軽減された．
(2) スマートフォンの普及によって，ウェアラブルデバイスとスマートフォンの間をセンサネットワークによって接続することができる．さらにスマートフォンにテザリング設定[7]を行うこと

メガネ型デバイス	時計型デバイス	リストバンド型デバイス
Google Glass	Apple Watch	UP3 by Jawbone
メーカー：Google 発売日：未定 OS：Android	メーカー：Apple 発売日：2015年4月 OS：Watch OS	メーカー：Jawbone 発売日：2015年4月
出所：Google	出所：Apple	出所：Jawbone

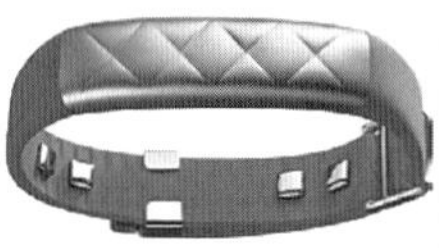

図1.12　ウェアラブルデバイスの例
出典　総務省：情報通信白書 平成27年版

---

[7] モバイル無線LANルータの機能をソフトウェアによりスマートフォンで実現する事を指す．詳細は2.5節で説明する．

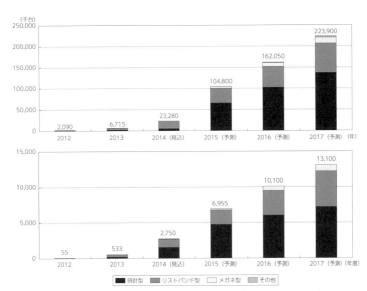

図1.13 ウェアラブルデバイス数の推移と予測（上：世界，下：国内）
出典　矢野経済研究所：ウェアラブルデバイス市場に関する調査結果2014年

で，デバイスが直接インターネットに接続できるようになった．
(3) クラウドネットワークの普及やデータ解析技術の発達により，各種センサから取得した多種多様な情報をクラウド上に蓄積し，分析できるようになった．

などが考えられます．**図1.13**からわかるように，ウェアラブルデバイスの数は2013年時点において世界で672万台，日本で53万台だったものの，2017年までには，世界で2億2390万台程度（約33倍），日本では1310万台（約25倍）まで急増することが予想されています．

● コネクテッドカー／オートノーマスカー

　無線通信によって新たにネットワークに接続されるようになると予想される端末として自動車が挙げられます．これまでもカーナビやETC車載器といった通信機器は搭載されていたものの，

(1) 無線通信の大容量・高速化により，リアルタイムに容量の大きなデータが送受信可能となった．
(2) 車載通信端末の低廉化やスマートフォンなどによるカーナビ機能の代替化が可能となった．
(3) クラウドコンピューティングの普及によって，大量のデータの迅速な生成・流通・蓄積・分析・活用が可能となった．

などの変化から，車両自身の状態や周囲の道路状況などの様々なデータを車両に搭載したセンサによって取得し，無線通信を介してクラウドネットワークに送信することで，収集したデータの集積・分析することが可能となってきています．このような機能を持つ自動車をコネクテッドカーと呼び，新たな価値およびサービスを生み出すことが期待されています．

　一方で，車内外の環境や状況を計測するセンサと情報通信／車体制御等の技術を組み合わせることで，自動車自身が運転者による直接操作を必要とせずに，目的地などの指定に応じて，道路状況なども考慮した上で，安全に目的地へ自動で走行するオートノーマスカー（自動走行車両）も注目されています．この理由としては，

(1) センサデバイスが安価になり，搭載が現実的になった．
(2) インターネット接続によって走行時に必要な情報を取得・蓄積できるようになった．
(3) 必要な情報をもとに動作を決定する人工知能（AI）等の有用な情報処理技術が進展している．

などが挙げられます．

　このオートノーマスカーは大別すると，完全自律型のものから隣接車両との協調が前提となるものに分類でき，現在，自動車会社だけに留まらず，他分野，特に Google などの IT 企業においても活発に研究開発が行われています．

　コネクテッドカーは自動車運転の安全性や利便性を確実に向上させることができ，結果的にはオートノーマスカー実現への足がかりになると考えられます．このオートノーマスカーは，今後日本の地方において深刻化する少子高齢化や，それに伴う公共交通インフラの衰退などの問題を解決するための手段として，シニア層や地方居住者から高い期待が寄せられています．

● **自律ロボット**

　これまでロボットは，主に工場などで産業用ロボットとして利用されてきましたが，昨今のセンサ技術の発展や，急激な人口減少に伴う社会問題の解決へのニーズの高まりに伴い，人々の日常生活，特に家庭での家事や介護，子育てや話し相手などの生活サービス面でのサポートを行うロボットも着目されています．政府の「ロボット新戦略」（2015 年 1 月 23 日）においても，**図 1.14** に示すように，2035 年までにサービス分野を中心に，ロボット産業が 9.7 兆円まで増加すると予想されていますし，通信機器としてロボットがインターネットに接続される日は近い将来に確実に到来するものと考えられます．

● **新たな世界 IoT（Internet of Things）とは？**

　モノのインターネット，いわゆる IoT 時代には，これまで説明してきたような新たな無線通信端末に加えて，あらゆるモノがインターネットに接続されるため，無線通信端末数が爆発的に増加する

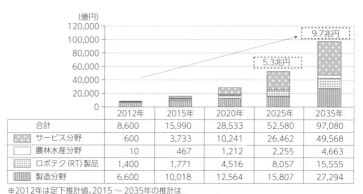

※2012年は足下推計値。2015〜2035年の推計は
平成22年度ロボット産業将来市場調査(経済産業省・NEDO)による。

図1.14　2035年に向けたロボット産業の将来市場予測
出典　経済産業省：ロボット産業市場動向調査結果

ことが予想されます．**図1.15**にIHS社が推定した無線端末数を示します．この推定によると，インターネットに接続される無線端末数は，2020年までに約530億個まで増加すると予想されています．

皆さんは世の中に存在するモノの何パーセントがインターネットに接続していると思いますか？　筆者が担当する講義で学生に質問したところ，「5％」が一番多い答えでした．この質問への答えがシスコシステムズ社の予測[6]に書かれていたので，ここに紹介します．この予測によると，現在，私達の住むこの世界に存在するモノの数は1.5兆個といわれています．そのうちの99.4％はインターネットに接続されていないと言及されています．つまり，現時点でインターネットに接続されているモノは0.6％ということになります．今後IoTの実現によって，99.4％のモノがインターネットに接続されるようになることを考えると，IoTの実現は社会に対して非常に大きなインパクトを与えることが予想されます．

またシスコシステムズ社では，IoTの次のコンセプトとして，

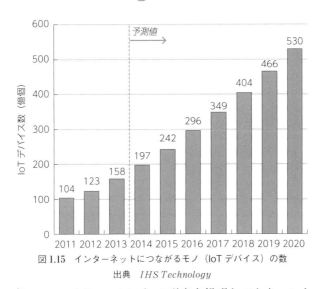

図 1.15　インターネットにつながるモノ（IoT デバイス）の数
出典　*IHS Technology*

IoE（Internet of Everything）の到来を提唱しており，ヒト，モノ，データ，プロセスを結びつけ，これまで以上に密接で価値のあるつながりを生み出すようになることを予想しています．この発展の様子が**図 1.16** に示されています．

このIoTによって必然的に発生する機器と機器の間の通信は，M2M（Machine-to-Machine）通信と呼ばれており，近年では社会的なニーズと技術的なシーズの両面において着目されています．まず，社会的なニーズとしては，自然災害への対策や高度経済成長期に構築したインフラの老朽化に対する安全・安心の確保，生産性の向上といった社会的課題の解決策としてIoTが期待されています．一方で，技術的なシーズとしては，利用可能なセンサの種類の増加や，通信モジュール等のデバイスの低価格化と高性能化，さらには無線通信技術の高度化と利用環境の普及，ネットワークを介したプラットフォームやクラウド型サービスの普及による導入の容易化，

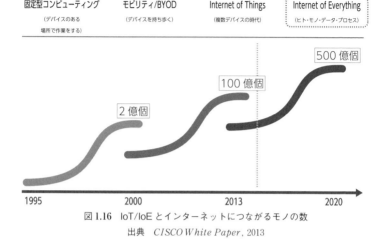

図 1.16 IoT/IoE とインターネットにつながるモノの数
出典 *CISCO White Paper*, 2013

などが考えられます．

このIoTの実現に向けたアプローチは大きく2つに大別されます．

(1) 縦型アプローチ：利用環境，つまりユースケース（アプリケーション）毎に個別に検討する．
(2) 横型アプローチ：複数のユースケースに共通して適用できる技術を特定した上で検討する．

縦型アプローチの活動としては，ドイツのインダストリー4.0[7]などが挙げられますが，利用イメージが固めやすい一方で，ユースケース毎の特有の要件に左右されやすく，柔軟性に欠ける点が問題点といえます．

これに対して，横型アプローチは個別のユースケースに関する特有の要件，専門知識を取り入れた上で共通の技術を策定することが難しく，実用化に向けては課題が残ります．ただし，各種センサか

ら取得されるビッグデータを効率よく利活用するためには,横型アプローチが必要不可欠になります.そのため,産業間での柔軟な連携を実現する枠組み作りが重要になると考えられます.IoTを実現するための技術・しくみについては,第6章で詳細に説明します.

次章からは,ユーザがつながる世界を広げるために必要不可欠な無線ネットワークシステムに着目し,システム内で利用されている技術について学んでいきましょう.

文　献
● 参考文献,引用文献

[1] 総務省:情報通信白書 平成27年版:
http://www.soumu.go.jp/johotsusintokei/whitepaper/ja/h27/pdf/27honpen.pdf

[2] 総務省:情報通信白書 平成28年版:
http://www.soumu.go.jp/johotsusintokei/whitepaper/ja/h28/pdf/28honpen.pdf

[3] Cisco Visual Networking Index:全世界のモバイルデータトラフィックの予測, 2015〜2020年アップデート:
http://www.cisco.com/web/JP/solution/isp/ipngn/literature/white_paper_c11-520862.html

[4] 無線LANビジネス推進連絡会:http://wlan-business.org/sp_jp

[5] 総務省:920 MHz帯マルチホップセンサーネットワーク技術を応用した移動無線通信システムに関する調査検討:
http://www.soumu.go.jp/main_content/000283687.pdf

[6] J. Bradley, J. Barbier, and D. Handler: "Embracing the Internet of Everything to Capture Your Share of $14.4 Trillion, More Relevant, Valuable Connections Will Improve Innovation, Productivity, Efficiency

& Customer Experience'', *CISCO White Paper* (2013).

[7] Industry 4.0 JAPAN: http://www.i40.jp/

● さらに勉強したい人への推薦図書および URL

【携帯電話の変遷】

[8] 携帯電話の歴史／年代流行：

http://nendai-ryuukou.com/keitai/

【ALOHANET】

[9] 連載：インターネット・サイエンスの歴史人物館（16）ノーマン・エイブラムソン：

http://sgforum.impress.co.jp/article/1065?page=0%2C0

無線ネットワークシステムの
しくみと変遷

　本章では，私達の身近にある携帯電話や無線LANに加えて，その他の無線ネットワークシステムのしくみと変遷について概説します．

2.1 移動（モバイル）通信の登場
　―自動車電話から携帯電話への発展―

● 第1世代

　携帯電話（の試験器）が初めて一般に公表されたのは，1970年に開催された大阪万国博覧会でした．その後，NTT社（旧 日本電信電話公社）は1979年に，世界に先駆けて「いつでも」，「どこでも」，「誰とでも」通話が可能な本格的な商用の移動（モバイル）通信システムを開発，商品化しました．また，ほぼ同時期に米国と欧州でも同様にモバイル通信サービスが開始されています．携帯電話サービスは，携帯電話がサービスを提供するインフラ設備といえる基地局に接続することで提供されます．この時代の携帯電話サービ

スでは，基地局で利用可能な電波の周波数帯域を細かく分割して多数の電話用チャネルを用意する「アナログ FM 方式[1]」を採用していました．携帯通信ネットワークの歴史において，この方式は第1世代と呼ばれています．

ただし，サービス開始当初は，携帯電話とはいうものの，自動車に搭載した電話機を利用するという形態を取っており，本当の意味で「人が携帯する機器を用いたモバイル通信サービス」は実現できていませんでした．そのため，当初の「自動車電話サービス」の利用可能なエリアは，世界の主要都市付近の高速道路を中心に，道路沿いから順次拡大されていくという傾向がありました．

その後，本当の意味での「携帯電話サービス」を実現することを目的として，1985 年に肩から提げることができる携帯電話，ショルダーフォンが登場しましたが，まだ「携帯」というよりは「可搬（ポータブル）」という状態に留まっており，一般の人々に対してはほぼ普及しませんでした．実際には 1991 年に，NTT 社が「携帯」可能な 150 cc 程度の容量（大きさ）の携帯電話を商品化したことによって，急速に一般ユーザに携帯電話サービスが普及することになりました．この携帯電話も当初の自動車電話と同様に，アナログ FM 変調方式を採用していました．図 2.1 に FM 変調方式に基づくアクセス方式である FDMA 方式の概念を示します．

このように，1990 年代前半に電話機が携帯できるサイズまで小さくなったことをきっかけとして，自動車電話から本当の意味での携帯機器を用いた移動しながらの通信，いわゆるモバイル通信を実現できる環境が整ったといえます．その後，携帯電話サービスの発

---

[1] 携帯電話とネットワークの間で音声を送る際に，音声信号などをデジタル信号に変換しないで，アナログ信号のまま電波に乗せて送る方式のこと．

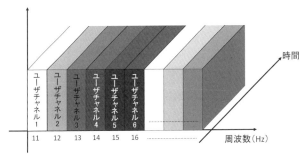

図 2.1 FDMA の概念

展が急速に進んだことは,皆さんがご存じの通りです.そこで次節では,携帯電話システム(セルラー)の進化について,その過程を見ていきましょう.

2.2 携帯電話システム(セルラー)の進化の過程
● 第 2 世代

1990 年代後半になると,主に有線ネットワークを中心にインターネットが一般に普及してきたため,携帯電話を用いるユーザから,「インターネットに接続した上で,データ通信を行いたい」という要望が高まってきました.

携帯電話を用いたデータ通信の実現には,音声信号だけでなく,データ信号を同時に行う必要があるため,これらの信号をデジタル信号に変換してから電波に乗せて送る,いわゆるデジタル化が必須になります.このデジタル方式を採用した携帯電話は,1993 年に商品化されたものの,当初はコストや消費電力などの点でアナログ方式に対して優位性に乏しく,特に音声符号化における信号処理の負荷は,当時のマイクロプロセッサ技術には耐えられないものでし

た．しかし，その後の技術進歩に伴い，

(1) マイクロプロセッサ技術の性能が向上した．
(2) 1994年に導入された端末売り切り制度[2)]の効果．
(3) 端末の小型化により，小型軽量の携帯端末を手軽に安価で持ち歩くことができるようになった．

ため，携帯電話サービスが飛躍的に発展・普及しました．

　このデジタル方式を採用した携帯電話は第2世代と位置づけられていますが，目的はインターネットと接続し，データ通信を行うことでしたので，その実現方法としてインターネットとの親和性の高いパケット通信方式が導入されました．NTTドコモ社は，パケットデータ通信を行うDoPaサービスを1997年に開始し，当初は各種センサや自動販売機の売り上げ情報などを遠隔地から収集するという目的に限定した上で，パケットデータ通信を利用していました．しかし，1999年にはDoPa方式を採用したiモードがサービスインした結果，インターネットとの接続が可能となったことをきっかけとして，音声通信だけでなく，インターネットと接続した上で，パケット通信サービスを提供することが携帯電話の重要な役割に変わっていきました．

　これは，

(1) 1990年代末にはメールやウェブといったインターネットアプリケーションの利用が一般ユーザに普及しており，その利便性を十分に認識できていた．
(2) 携帯電話によって「いつでも」，「どこでも」，「誰とでも」通信できるという新しい利用形態が登場した．

[2)] 当初，携帯電話はレンタルだったが，売り切り制が認められたため，自由競争の結果，初期費用，回線料金が大幅に値下げされた．

という2つの事象が同時期に生じたことが理由と考えられます．

次は携帯電話会社の立場から，このデジタル化による影響を考えてみましょう．インターネットと接続するために，これまで音声通信用として提供していた回線交換[3]をパケット通信へ切り替えることで，以下の利点を得ることができます．

(1) 資源利用効率が向上するため，接続ユーザ数を増やすことが可能となる．
(2) 専用の交換機から汎用ルータに切り替えることができるため，設置・運用コストが削減可能となる．

このようにして削減したコストを用いて，新たな基地局を積極的に敷設したことによって，ユーザの通信品質向上とサービスエリアの拡大の両方が実現できたため，デジタル化は積極的に推進され，その後の成長につながりました．

第2世代の携帯電話以降，現在のスマートフォンに至るまで，音声通話とデータ通信の両方を利用することができます．その実現方法を見てみましょう．実は携帯電話ネットワークの中では，音声通話網とデータ通信網がそれぞれ別構成になっており，伝送方法が大きく異なります．

図2.2を見てみましょう．この図は携帯電話のネットワークの概念を示していますが，携帯電話と基地局を結ぶ無線区間では，音声通信もデータパケット通信も同じ電波を用いて送信されます．しかし，基地局の先に設置されている無線ネットワーク制御装置で，両者は2つに分割されます．電話の音声信号はスイッチで回線をつなぐ回線交換機で接続先が選択され，最終的には固定電話ネットワー

---

[3] 音声電話のように通信開始時に回線を確立し，通信終了まで回線を占有した上でデータ通信を行う方式を指す．

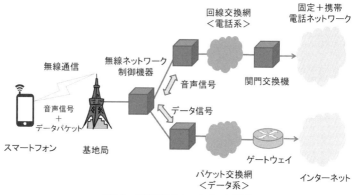

図 2.2　携帯電話のネットワーク構成

ク，もしくは他社の携帯電話ネットワークと接続されます．

　一方で，データ信号はパケットで送信されるため，回線交換とは別の交換機（ルータ）を複数個経由して最終的にはゲートウェイに到達します．このゲートウェイはインターネットに接続されているため，インターネットとの接続が可能となります．このように，第2世代の携帯電話はインターネット接続を提供できるため，ユーザは携帯電話を「電話機」としてだけではなく，メールやウェブ閲覧等を行う，いわゆる「モバイル端末」としても利用できるようになりました．

　ただし，当時の携帯電話は画面が小さく，計算処理能力も低く，データ通信速度も 9.6〜28.8 kb/s と低速でした．この有線インターネットとの大きな違いを吸収するために，インターネットで一般に用いられる TCP / IP プロトコルやサービス内容を，低速／低能力／小画面の携帯電話ネットワークに合わせて変更する必要がありました．そこで，第2世代の携帯電話ネットワークでは，図 2.3 に示すようにインターネットのデータを携帯電話ネットワークに適し

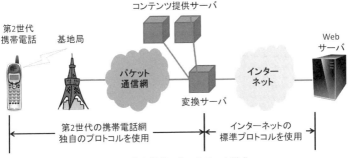

図2.3 第2世代のネットワーク構成

たデータに変換する変換サーバを設置した上で，携帯電話専用のコンテンツ提供サーバも設置していました．このように，第2世代では，インターネットの親和性に問題は数多く存在したものの，携帯電話によるインターネット利用がスタートした画期的な世代でした．

　技術的な観点から見ると，デジタルデータの送信のために，デジタル信号を時間で分割して，多数の携帯電話が同一のチャネルを利用できるようにする技術，TDMA（Time Division Multiple Access）（**図2.4**）を基本技術として採用しており，その他の技術との組み合わせ方の違いに応じて，日本方式（PDC：Personal Digital Cellular），米国方式（IS-54：Interim Standard-54），欧州式（GSM：Global System for Mobile communications）の3方式が採用されました．一方で，米国Qualcomm社は当初は軍事用途で開発されたCDMA（Code Division Multiple Access）を基本技術として採用した方式，cdmaOneを同時期に開発しており，その後，韓国や北米，日本でもKDDI社によって採用されました．

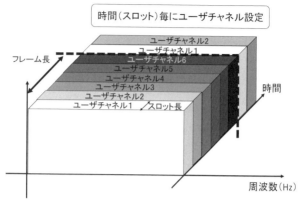

図 2.4　TDMA の概念

● 第 3 世代

　1990 年代に入ると，ビジネスや個人の活動が国境を越え，世界がボーダレス化してきたという時代背景も相まって，「携帯電話が世界共通となり，個人の携帯電話をそのまま国外でも使用できるようにしてほしい」という要望が高まりました．加えて 1990 年代後半からは，先ほど説明したようなモバイルインターネットと呼ばれる「携帯電話によるデータ通信」といった利用形態が一般的になり，従来のテキストやアニメーション，写真のデータだけではなく，「テレビ電話や動画像情報などのビデオデータなどを携帯電話で利用したい」という要望も高まってきました．

　その要望の高まりを受けて，国際標準化機関 国際電気通信連合（ITU：International Telecommunication Union）において，携帯電話を用いて高速かつ高品質なマルチメディア通信サービスを提供することを目指して，第 3 世代移動通信システム（IMT-2000：International Mobile Telecommunications-2000）の策定が進められました．これを一般的に第 3 世代携帯電話と呼びます．この IMT-

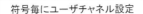

符号毎にユーザチャネル設定

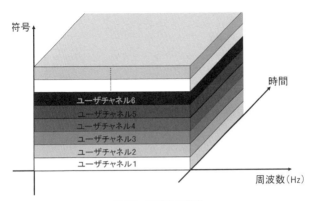

図2.5 CDMAの概念

2000では，高速移動時も含む屋外時に384 kb/s，屋内時に2 Mb/sの最高データ通信速度を目標として開発が進められました．

その結果，日本と欧州が提案したW-CDMA方式と，米国が提案したcdma2000方式（cdmaOneの改良版）が主たる方式として決定しました．この2つの方式は共にCDMA方式（**図2.5**）をベースにしているものの，周波数帯域幅の利用方法が異なっています．2つの方式の違いを**図2.6**に示します．この図からわかるように，W-CDMA方式は，より帯域が広いため高速伝送が可能となっていますが，cdma2000は従来規格のcdmaOneとの設備共有によるコスト削減を目指し，互換性を重視したため，伝送周波数帯を束ねることで高速化を実現しています．

W-CDMA方式については，NTTドコモ社がFOMA（Freedom Of Mobile multimedia Access）というサービス名で2001年10月から世界に先駆けてサービスを開始しています．加えて，J-フォン（現ソフトバンク）もW-CDMAを採用したサービスを同時期

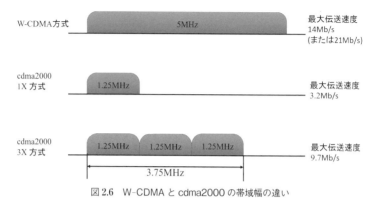

図 2.6 W-CDMA と cdma2000 の帯域幅の違い

に開始しています．これに対して，KDDI 社は 2002 年 4 月から cdma2000 方式を基本技術とする cdma2000 1X サービスを開始しています．

この第 3 世代携帯電話サービスの特徴としては，これまでに説明した「データ通信速度の向上によるマルチメディア通信サービス」以外にも，GPS などの位置情報提供サービスや「Edy」などの電子マネーのサービスを提供するための機器が携帯電話に搭載されるなど，多くの機能を新たに実現している点が挙げられます．

● 第 3.5 世代

光ファイバを利用した FTTH（Fiber To The Home）などの 100 Mb/s 以上の超高速回線（ブロードバンドのアクセス回線）を用いたインターネットの利用拡大に伴って，携帯電話を用いたモバイル通信でも，ウェブアクセスや動画像などのマルチメディア通信を，「いつでも，どこでも，高速に」利用したいという要望がさらに高まりました．この要望に応えるために，まずは下りリンク（基地局から端末へ）のデータ転送速度を向上するための技術開発が課題と

なりました.そこで,

(1) 経済性を確保した上で,通信システムの処理容量を増大させて大量のデータ通信に対応可能にする.
(2) パケット転送遅延を低減して,リアルタイム性の高い通信要求に応える.

という2つの条件を満足する技術の開発が行われました.

この下りリンクのデータ通信の高速化技術に対応した携帯端末を一般的に第3.5世代と呼んでいます.具体的には,W-CDMAの発展形としてHSDPA(High Speed Downlink Packet Access)が,cdma2000の発展形として1xEV-DOが第3.5世代の規格として考案されました.HSDPAは下りリンクの高速化のみを対象として,デジタル信号を細かく(2ミリ秒)区切って伝送します.この細かく区切った単位時間をTTI(Transmission Time Interval)と呼び,TTI毎にユーザを割り当てることで,複数のユーザに順番にデータ送信権を割り当てることが可能となります.

このHSDPAでは一次変調方式[4]として,第3世代で採用されたQPSK[5]ではなく16QAM[6]を導入することで高速化を実現しています.また,各ユーザの通信品質は通信環境に応じて異なるため,**図2.7**に示すように,通信環境に応じて,「変調方式」と「割り当てるTTIの数」を調整することで,ユーザ毎の伝送速度を制御する方式を採用しています.

これに対し,上りリンク(端末から基地局へ)の高速化を実現する規格として,W-CDMAではHSUPA(High Speed Uplink Packet

---

[4] デジタル情報(ビット)の伝送のために搬送波を変化させること.
[5] 1回の信号変化で2ビットの情報を伝送できる変調方式.
[6] 1回の信号変化で4ビットの情報を伝送できる変調方式.

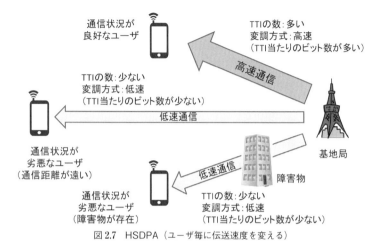

図 2.7 HSDPA(ユーザ毎に伝送速度を変える)

Access)が,cdma2000 では 1xEV-DO Rev.A / B が考案されました.ただし,実際には下りリンクの HSDPA と組み合わせて利用するため,総称として HSPA(High Speed Packet Access)と呼ばれています.その後,データ伝送速度をさらに向上させることを目的として,変調方式として 64 QAM[7] を導入するだけでなく,MIMO 技術[8] も採用しています.このような様々な通信性能の改善への取り組みが現在の 3.9 世代(次項に詳細を説明します)の規格へとつながっていきます(図 2.8).

● 第 4 世代(4G LTE)と LTE(3.9 世代)

当初,第 3.5 世代の研究開発と平行する形で,長期的な利用を視野に第 4 世代(4G あるいは Beyond 3G)と呼ばれる規格の検討が進められていました.この 4G では,3.5G まで用いていた「基地局

---

[7] 1回の信号変化で6ビットの情報を伝送できる変調方式.
[8] 複数アンテナを組み合わせ,データ送受信の通信速度を向上する技術.

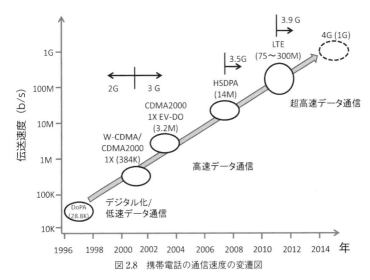

図2.8 携帯電話の通信速度の変遷図

からインターネットゲートウェイまでの無線網特有のパケット交換網」をオールIP化することを目指しています．オールIP化により音声信号とデータ信号をIP通信で一元化できるものの，無線上でのIP利用が必要不可欠となるため，IPに最適化したシステム構築を行う必要があります．具体的には，無線網での往復パケット転送遅延時間（RTT：Round Trip Time）を10 ms以下，異なるサービス品質（QoS：Quality of Service）を持つ無線チャネルの提供，などを設計の条件としています．

しかし，実際には

(1) 4G用の周波数割当が当初の予定よりも遅れたため，商用化が遅れることになった．
(2) 携帯電話事業者側の立場としては，3Gへのシステム移行に莫大の構築コストを投入したため，すぐに4Gへ飛躍するよりも，

3Gシステムの利用を続けた上で高度化を図る方がコスト的に望ましい.

⇒ 4G 移行時においてシステムの再構築を避けたい.

などの理由から，中間解が模索されました.

W-CDMA は，3G の長期的な進化版として LTE（Long-Term Evolution）が「下り最大 100 Mb/s，上り最大 50 Mb/s の通信速度を提供すること」を目的として新たに提案されました．現在，NTT ドコモ社が LTE 規格に基づく Xi（クロッシィ）というサービスの提供を開始しています．この LTE は前述した HSPA の技術をベースに，以下の点に改良を加えています．

(1) 信号の伝送帯域を HSPA の 5 MHz から 20 MHz まで拡大しました．これにより伝送速度が 4 倍以上まで拡大しました.
(2) 変調方式として 64 QAM を導入しました．これにより当初の HSDPA で採用された 16 QAM の 1.5 倍の伝送速度まで向上しました．
(3) 送受信に使うアンテナ数を，初期の HSDPA の 1 本から最大 4 本まで拡大し，MIMO 技術を採用しました．これにより最大 4 倍の伝送速度が実現可能となりました.

これらの改良を組み合わせることにより，LTE の最大転送速度は 300 Mb/s まで増加することになりました．

この LTE では下りリンク（基地局から携帯端末まで）のアクセス制御方式として，OFDMA（Orthogonal Frequency-Division Multiple Access）を採用し，品質のよいユーザに多くの TTI（データ送信機会）を割り当てます．加えて，上りリンク（携帯端末から基地局）については，SC-FDMA（Single Carieer FDMA）方式を採用することで省電力化を図っています．

一方，cdma2000 の中間解は，拡張版 cdma2000（Enhanced cdma2000）と呼ばれているものの，想定されている要求条件は Beyond 3G / LTE とほぼ同様となっており，実際にこの規格を採用している KDDI でも，現在は LTE と呼んでいます．

これに対して，第4世代の携帯電話（4G）も昨今のスマートフォンの普及による動画コンテンツなどの利用増加に伴うトラヒック量の急増への解決策として検討が進んでいます．4G の規格としては，LTE の技術を発展させた LTE-advanced[9]が有力視されています．この規格では，より高速化するためのアプローチとして，

(1) 信号の伝送帯域幅を 100 MHz まで拡大．
(2) MIMO で利用するアンテナ数を最大8本まで増加．
(3) リレー局の配置とデータ中継による伝送品質の改善．

が挙げられます．

● **第5世代（5G LTE）**

しかし，前述した様々な理由から 4G LTE に対する研究開発は動きが鈍く，現在は世界全体の流れとして 4G LTE の後継規格であり，2020年以降の実現を見込んで，第5世代（5G）の次世代携帯電話システム（5G LTE）の研究開発が開始されています．この 5G LTE では，従来と同様に通信速度の向上を目指すだけでなく，1.4節で説明した IoT 時代の到来を見越した上で，IoT 世界に適した携帯電話システムについての検討が進められています．技術的には，

(1) 2010年の約1,000倍のトラヒックを収容する．
(2) 最大スループットが 1 Gb/s を実現する．
(3) 同時接続する端末数を最大100倍まで増加する．

---

[9] そのため，「4G LTE」とも呼ばれている．

（4）無線網の伝送遅延を1 ms以下とする．

を性能要求として，日本[10]でも海外[11]でもプロジェクトが開始しており，研究開発が活発に進められているので，興味がある人は是非，各プロジェクトの内容を参照して下さい．

2.3 無線LANの発展

前節で説明した携帯電話システムの伝送速度の高速化（ブロードバンド化）に向けた流れと補完し合う形で発展してきたのが，計算機（コンピュータ）間の通信ネットワークシステムといえます．オフィスや家庭内など比較的狭い（ローカルな）エリアで構築されるコンピュータ間の通信システムのLAN（Local Area Network）は，1980年2月に米国IEEE（Institute of Electronical and Electronic Engineers）で設立されたIEEE802委員会において標準化が開始されました．

当初は，同軸ケーブルあるいはより対線（ツイストペアケーブル）を使用する有線のイーサネットなどの標準化が802.3委員会で活発に進められ，その後光ファイバを用いた標準規格も策定され，現在では多くの場所において利用されています．

しかし，有線のイーサネットが急速に普及し始めた1990年代に入ると，「オフィスや家庭内でのケーブル配線の煩わしさやコストから解放されたい」という，無線化に対する要望が高まってきました．

このような強いニーズを背景に，無線LAN（Wireless Local Area Network）に関する規格がIEEE802.11ワーキンググループ（WG）で，それ以外の無線通信規格についても，新たに設置され

---

[10] 5GMF(5G Mobile Forum), http://5gmf.jp/

[11] 3GPP, http://www.3gpp.org/news-events/3gpp-news/1614-sa_5g

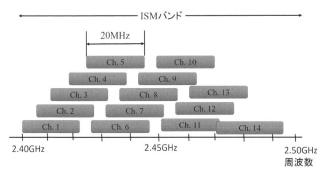

図 2.9 無線 LAN（2.4 GHz）のチャネル割当状況

た IEEE802 内の様々な WG において，標準規格の策定作業がスタートしました．

無線 LAN は ITU の世界無線通信会議（WRC：World Radiocommunication Conference）において，2.4 GHz 帯と 5 GHz 帯を利用すると決定されています．この周波数帯は，日本の電波法第 4 条 3 号の規定によって，免許不要の「小電力データ通信システム」に分類されており，利用に関する敷居が低く，柔軟に利用できる周波数帯といえます．日本における 2.4 GHz 帯を用いる無線 LAN のチャネル割当状況を**図 2.9** に示します．

2.4 GHz 帯は ISM（Industrial, Scientific and Medical）バンドの一部であり，無線通信以外の産業科学医療用など様々な用途に用いられるため，無線 LAN 以外の電子レンジや病院で使用する温熱治療器など多数の機器との干渉によって無線 LAN の通信性能が不安定化・低下することが知られています．2.4 GHz 帯では全世界共通の 1〜13 チャネルと，日本独自のチャネルとして 14 チャネルの計 14 個のチャネルが利用可能ではあるものの，14 チャネルは国際的には利用できないため，現在ではほぼ利用されていません．

一方で，日本国内における 5 GHz 帯を用いる無線 LAN のチャネ

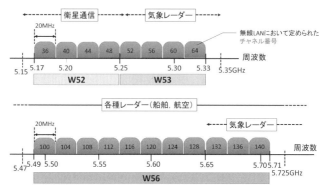

図 2.10　無線 LAN（5 GHz）のチャネル割当状況

ル割当状況を**図 2.10** に示します．5 GHz 帯のチャネルは，その周波数帯から W52（5.2 GHz 帯），W53（5.3 GHz 帯），W56（5.6 GHz 帯）という 3 つのグループに分類されます．W53 と W56 は（気象）レーダと同様の周波数を使用しているため，レーダが使われていない場合に限ってのみ使用可能となります．この関係から，5 GHz 帯を利用する AP（Access Point）には，DFS（Dynamic Frequency Selection）機能の搭載が義務づけられており，レーダによる周波数利用を検知した際には，干渉しないように無線 LAN の使用チャネルを変更します．また，通信開始前に必ずレーダによる周波数利用を調査する必要があり，終了までは通信を開始できません．W52 と W53 は利用が屋内に限定されており，W56 は屋外でも利用することができます．

IEEE802.11WG が標準化した最初の規格は 1997 年の 802.11 であり，上位に MAC（Media Access Control）副層，下位に複数の物理（PHY）層が対応しています．MAC 層としては，イーサネットで利用された分散制御方式を基本に提案された CSMA／CA 方式を採用しました．一方で物理層では，ノイズや干渉の影響を軽

減するために，2次変調方式[12]として2.4 GHz周波数帯を対象に(1) スペクトラム拡散（DSSS：Direct Sequence Spread Spectrum）方式，(2) 周波数ホッピング（FHSS：Frequency Hopping Spread Spectrum）方式，(3) 赤外線通信方式の3つが提案され，1 Mb/sもしくは2 Mb/sの通信速度を提供していました．その後，802.11の後にアルファベットを付けたタスクグループ（TG）が立ち上げられ，802.11b，802.11a，802.11g，802.11n，802.11acと順に高速化が進められてきました．そこで以降では，MAC層と物理層の概要についてそれぞれ説明していきます．

2.3.1 MAC層の動作

● 2つの通信モード

802.11では通信モードとして「インフラストラクチャ・モード」と「アドホック・モード」の2種類を規定しています．無線LANは基本的に図2.11に示すインフラストラクチャ・モードでシステムが構成されており，無線LAN親機のAP（Access Point）と，その電波到達範囲内に存在する複数の無線LAN子機のSTA（STAtion）からなり，これを基本サービスセット（BSS：Basic Service Set）と呼びます．一方，アドホック・モードは端末同士が互いに直接接続して通信を行う形態です．端末が近接している時は接続に自由度がありますが，遠方の端末との通信では拡張性に乏しく，あまり使われていないのが現状です．

複数のBSS間を接続するネットワークをディストリビューションシステム（DSS）と呼び，複数のBSSを含むシステムを拡張サービスセット（ESS：Extended Service Set）といいます（図2.11）．特

---

[12] 通信に用いる周波数帯よりも広い範囲に拡散して送信することで，ノイズや干渉の影響を軽減するための変調方式．

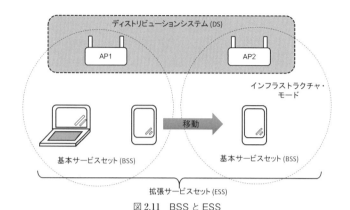

図 2.11　BSS と ESS

に，通信端末が AP 間を移動した際に通信を継続することを「ローミング」といいます（ローミングについては 4 章で詳説します）．

● **無線チャネルアクセス制御**

IEEE802.11 系統の無線 LAN では，基本的に全て分散制御による無線チャネルアクセス方式の CSMA / CA 方式を採用しています．無線 LAN では，（複数の）AP と複数の STA が存在し，これら全ての機器が同一の無線チャネル上で通信を行います．同一周波数上では，同時には 1 つの STA（ユーザ）しか利用できず，複数の STA が同時に通信を行うとフレーム衝突が発生してしまい，通信が行えません．そこで，CSMA / CA では，フレーム送信前に必ずキャリアセンスを行い，他の STA や AP が使用している時には，フレーム送信を見送ります．つまり，誰も使用していない時のみ，自分のデータ（フレーム）を送信します．この通信手順は**図 2.12**に示すようになります．

(1) 送信データを保持する STA は，自分が利用する周波数上で電波が検知されるかを調査します（「キャリアセンスを行う」と

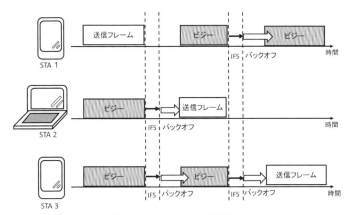

図2.12 CSMA/CA の動作概念

はこのことを指します).

(2) キャリアセンスを行った時に,電波を検知した時はビジーと判断し,データの送信を一旦延期します.これをバックオフといいます.一方で電波を検知しなかった場合,IFS(Inter Frame Space)時間を待った後でフレーム送信を行います.周波数が未使用の状態をアイドルといいます.

(3) STA からフレームを受信した AP は,受信したフレームにエラーがないか FCS(Frame Check Sequence)フィールドを使って確認します.正常の場合には,ACK(ACKnowledgement)フレームを送信 STA へ返信し,誤りがあった場合は,そのフレームを破棄します.

(4) STA は ACK フレームの受信が確認されるまで,一定の回数,同じデータフレームを再送します.

● DCF と PCF

特に全ての STA が同じバックオフアルゴリズムに従って公平に

表2.1 IFSの種類

IFSの種類	説　明
SIFS (Short IFS)	フレーム間の時間間隔が**最も短い**．優先度が最高のフレーム送信に利用．
PIFS (PCF IFS)	**ポーリング用**のフレーム時間間隔．SIFSの次に優先権が高い．
DIFS (DCF IFS)	フレーム間の時間間隔が**最も長い**．優先度が低いフレーム送信に利用．

無線資源を利用するアクセス手順をDCF（Distributed Coordination Function）といい，802.11ではCSMA / CAを用いることで，このDCFを実現しています．この場合，STA数と送信データ量が増加すると衝突が増加し，スループットが低下してしまいます．そこでCSMA / CAによる衝突を避け，マルチメディアデータなどのリアルタイム通信を優先するために，PCF（Point Coordination Function）を呼ばれる集中制御の方式も用意されています．このPCFでは，APがSTAにポーリングと呼ばれる問い合わせを行い，STAが優先的に送信したいフレームが保持する場合には，フレームを優先的に送信します．

● IFS時間

CSMA / CAではデータ送信前にIFS時間として事前に定義された時間を待ちます．このIFS時間として異なる複数の時間を設定することによって，フレーム単位での優先制御が実現されています．無線LANでは，**表2.1**に示す3種類のIFSが定義されています．

● バックオフアルゴリズム

CSMA / CAでは，他のSTAが無線チャネルを利用している際には，自分のフレーム送信を待機することでフレーム衝突を避けます．しかし，送信STAが複数存在し，かつ常に同時に送信するよ

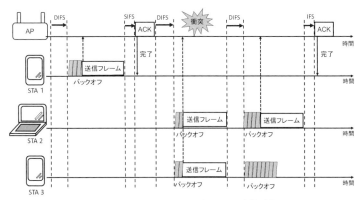

図 2.13 CSMA/CA によるバックオフ制御手順

うな状況では，常に衝突が発生してしまい，データが送信できません．そこで，フレームが衝突する確率を減らすためにバックオフと呼ばれる手法を採用しています．

バックオフでは，STA がフレーム送信前にキャリアセンスした時に無線チャネルがビジーの場合，まず CW（Contention Window）の範囲内からランダムに値を選択します．その後，無線チャネルがアイドルとなった時点から，全ての STA は DIFS 時間を平等に待ちます．その後，各 STA は事前に選択した（STA 毎に異なる）ランダム時間を待ち，その間に他の STA が送信を始めなかった場合にフレームを送信します．このランダム待機時間をバックオフ時間と呼びます．一方で，フレームが衝突した場合には，フレーム再送時の衝突確率を下げるために，CW の範囲を 2 進指数的に増加させます．**図 2.13** にバックオフアルゴリズムに基づく通信手順の様子を示します．

(1) 通常の通信手順

図2.13のSTA 1〜3は，DIFS時間の間に他STAからの送信信号を検出しなかった場合，無線チャネルがアイドルと判断します．この時点でランダムバックオフ時間を決定し，その時間待ちます．その間，誰からのフレーム送信も検出しなかった場合には送信を開始します．この図ではSTA 1のバックオフ時間が最短となるため，最初にフレームを送信します．APは，このフレームの受信完了後にSIFS時間を空けて，STA 1へACKフレームを返送します．

(2) フレーム衝突発生時の通信手順

STA 2と3は，前のフレーム送信完了後にそれぞれランダムバックオフ時間を決定するものの，偶然同じ待ち時間となった場合にはフレーム衝突が発生します．この時，STA 2と3は，APからのACKフレームを受信できないことから，フレーム衝突が発生したと判断し，フレーム再送のための手順を行います．一般的にSTA数が増加すると，同一のランダムバックオフ時間となる確率が増加するため，衝突の確率も増加します．

(3) フレーム再送時の通信手順

STA 2と3は再送時にランダムバックオフ時間を再設定します．この時，次の式に従って CW の範囲を2進指数的に広げることで，再びフレーム衝突が発生する確率を減少させます．

$$CW = (CW_{\min} + 1) \times 2^n - 1 \quad (n\text{は再送回数})$$

なお，CW の最大値は1,023とし，それ以上は増加させません．

● 隠れ端末問題と RTS / CTS

実際の無線LAN環境では，STA間の距離や障害物の存在によって互いの無線信号が届かず，キャリアセンスが機能しない場合があ

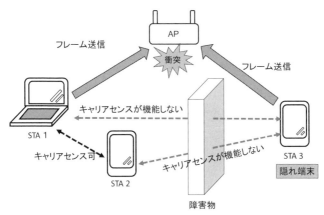

図2.14 隠れ端末問題とRTS/CTS

ります．これを隠れ端末問題と呼びます．**図2.14**を用いて説明すると，STA 1,2 と 3 が互いにキャリアセンスできないため，STA 1 もしくは STA 2 が送信するフレームと STA 3 の送信フレーム間で衝突が発生しやすく，スループットが劣化してしまいます．

この問題を解決するために，RTS（Request To Send）と CTS（Clear To Send）を使った仮想キャリアセンスというしくみを利用します．図2.14 の STA 1 はデータフレームを AP に送信する前に，フレーム送信要求を示す RTS フレームを AP に送信し，AP は RTS フレームを受信すると CTS フレームを STA1 に返送します．STA1 は CTS フレームの受信を確認した後にデータフレームを送信します．

この RTS フレームと CTS フレームには NAV（Network Allocation Vector）という値が含まれており，NAV 期間の占有使用権が与えられることになります．AP から送信される CTS フレームは，STA1 にとっての隠れ端末となる STA3 にも受信されるため，STA3 は CTS フレーム内で指定された NAV 期間中はフレーム送信

を待機しなければなりません．その結果，隠れ端末問題によるフレーム衝突を回避することが可能となります．

2.3.2　物理層の動作（高速化）

● IEEE802.11b

　IEEE802.11bでは，最初の規格802.11で提案された3種類の2次変調方式（スペクトラム拡散（DSSS）方式，周波数ホッピング（FHSS）方式，赤外線通信方式）の全てを採用し，互換性を維持しています．加えて，高速化のために2次変調で行う周波数拡散を工夫する相補符号変調（CCK：Complementary Code Keying）方式を採用することで，2.4 GHz帯で最大11 Mb/sの伝送速度を実現しています．802.11bでは11／5.5／2／1 Mb/sと4つの伝送速度を提供しており，11 Mb/sと5.5 Mb/sにはCCK方式が，2 Mb/sと1 Mb/sにはDSSS方式が使われています．

● IEEE802.11a

　その後，1997年に新たな周波数として5 GHz帯が利用可能となったため，5 GHz帯を用いて20 Mb/s以上の伝送速度を実現する規格が検討されました．具体的には，2次変調方式としてOFDM（Orthogonal Frequency-Division Multiplexing）方式[13]を採用しています．OFDM方式は3.1節で説明したマルチパス環境に適した規格といわれており，最大で54 Mb/sの通信速度を提供可能となりました．

---

[13] 周波数を複数の搬送波（キャリア）に分割して伝送することで，高速化を実現する．この際，搬送波を「直交」するように多重化することで，周波数利用効率の向上と干渉の低減を実現している．

● IEEE802.11g

次に 802.11g 規格では，2.4 GHz 帯を用いることで 802.11b との互換性を維持しつつ，5 GHz 帯を使う 802.11a との上位互換性を持ちます．そのため，802.11b で採用されている CCK 方式と 802.11a の OFDM 方式の両方を採用しており，11a と同様に最大 54 Mb/s の通信速度を提供しています．

● IEEE802.11n

2009 年 9 月に IEEE802.11n 規格の標準化が完了し，更なる高速化が実現されました．11n では，2.4 GHz と 5 GHz 帯の両方を利用することができ，最大伝送速度が 54 Mb/s から 600 Mb/s と大幅に高速化されました．これは以下の新技術を導入したことで実現されました．

(1) 帯域幅 20 MHz のチャネルを 2 つ束ねて 40 MHz として利用するチャネルボンディング機能により，帯域幅が 2 倍になり，伝送速度も最低でも 2 倍になります．

(2) MIMO（Multiple-Input Multiple-Output）技術で，4 つのアンテナを用い，4 本のストリーム[14]を多重化することにより，4 倍の伝送速度を実現できます．

(3) OFDM 伝送では，フレーム間に一定の時間間隔（ガードインターバル）を挿入することで，マルチパス干渉（遅延波による干渉）の影響を軽減しています．そこで，ガードインターバルを従来の 800 ns から半分の 400 ns まで短縮し，加えて誤り訂正符号を工夫することで，伝送速度を約 1.4 倍に増加できます．

---

[14] MIMO 技術を用いて同時に送受信可能な信号数．

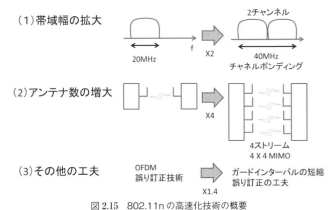

図 2.15 802.11n の高速化技術の概要

これら (1)〜(3) の技術を組み合わせて利用することで，600 Mb/s（= 54 Mb/s × 2 × 4 × 1.4）を実現しています（**図 2.15**）．

しかし周波数の利用状況によっては，(1) 帯域幅 40 MHz のチャネルボンディングを利用できない場合が考えられます．その場合は (2) と (3) のみを利用するため，最大伝送速度は 300 Mb/s となります．加えて市販の製品では，計算量が膨大化するという理由から 4 本のアンテナ（4 本の多重化）を使うものはなく，最大でも 3 本（3 本の多重化）のアンテナを利用するものしかないため，最大伝送速度は 450 Mb/s となっています．

● **IEEE802.11ac**

802.11n の後継として 2014 年 1 月に標準化が完了した 2016 年 8 月時点での最新規格です．使用する周波数帯域は，雑音や妨害電波が（現時点では）比較的少ない 5 GHz 帯のみとなっており，2.4 GHz 帯は利用しません．規格上の物理層における最大伝送速度は 6.9

Gb/s，実効データ伝送速度[15]でも1Gb/s以上を実現することが目標となっており，ギガビットイーサネットに匹敵する無線LAN規格を目指しています．

802.11acでは以下の技術を導入して高速化を図っています．

(1) 帯域幅の更なる拡大：帯域幅20 MHzのチャネルを4つ，もしくは8つ束ねて80 MHz，もしくは160 MHzまで拡張して利用可能となりました．160 MHzの帯域幅を用いる場合，伝送速度は11n（40 MHz利用）に比べて約4倍（正確には4.33倍[16]）の速度が実現可能となります．

(2) 変調方式の高度化：11nでは変調方式として64 QAMを用いていましたが，11acでは256 QAM[17]を用います．これによって，伝送速度が4/3倍（8ビット/6ビット）まで増加可能となります．

(3) ストリーム数の増加：8×8 MIMO[18]によって8ストリームまで実現可能となりました（11nでは4ストリームまで）．これによって，伝送速度が11nに比べて2倍まで増加可能となります．

11acでは，(1)〜(3)の技術を同時に組み合わせて利用することで，6.93 Gb/s（$= 600$ Mb/s $\times 4.33 \times 4/3 \times 2$）を実現しています．

前述したように，11acでは80 MHzと160 MHzの利用帯域幅が新たに規定されていますが，具体的には20 MHz幅のプライマリチャネルと近接する1〜7個の20 MHz幅のセカンダリチャネルを組み合わせて（ボンディングして）利用することで，最大160 MHz

---

[15] MAC層のオーバヘッドを考慮したデータ転送速度．

[16] ボンディングによって，ODFMのサブキャリア数を増加できるため．

[17] 1回の信号の変化によって，8ビットのデータを伝送可能となる．

[18] 送信，受信端末それぞれに搭載した8個のアンテナを用いてMIMO通信を行う状態を指す．

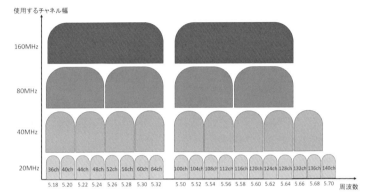

図 2.16　ボンディング時のチャネル割当

幅の利用を実現しています．しかし，図 2.16 に示すように，現在の 5 GHz 帯では 160 MHz の帯域幅を最大 2 個（ペア）しか確保できません．そこで，周辺のチャネルの利用状況に応じて，時間領域／周波数領域でチャネルボンディング幅を 20 MHz〜160 MHz 間で動的に変更するボンディング機能が新たに提案されています．

図 2.17 を見てみましょう．802.11ac では次の 2 種類のチャネルアクセス方法が新たに提案されています．

(1) スタティックチャネルアクセス：ボンディングした帯域幅全体が確保できない場合，競合するユーザの通信が終わるまでフレーム送信を待機し，競合ユーザの通信終了を確認した後に，ボンディング帯域幅を全て利用してフレームを送信します．
(2) ダイナミックチャネルアクセス：ボンディング帯域幅全体が確保できない場合，競合が発生しない範囲まで帯域幅を縮退した上で，確保可能な帯域幅を利用してフレームを送信します．

2016 年 8 月時点で市販されている 802.11ac 規格に準拠する AP

(1) スタティックチャネルアクセス（40 MHz ボンディング）

(2) ダイナミックチャネルアクセス（40 MHz ボンディング）

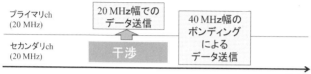

図 2.17　スタティックチャネルアクセスとダイナミックチャネルアクセス（40 MHz ボンディング時）

やスマートフォンなどの製品は，技術的な困難さが要因で，主にスタティックチャネルボンディングを採用しています．さらに，搭載されているアンテナ数も少ないため，実際には物理層の伝送速度は 2〜3 Gb/s 程度に制限されたものになると予想されます．また，現在発売中のスマートフォンは（ほぼ）全て 802.11ac 規格の無線 LAN を利用できる上，通信相手端末の対応規格によっては，以前の規格（11n/g/a/b）を用いた通信も可能となっています（後方互換性）．

2.4　その他の無線ネットワークシステムの進化

2.2 節で説明した携帯電話ネットワーク，2.3 節で説明した無線 LAN 以外にも，複数の無線ネットワークシステムの検討が進んでいます．**図 2.18** に無線ネットワークシステムのカバー範囲とサービスのイメージ図を示します．

携帯電話ネットワークシステムは MAN，無線 LAN は LAN に分

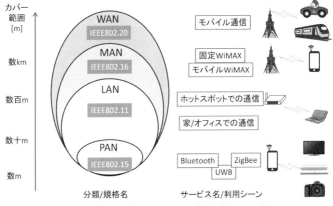

図2.18 無線通信システムのカバー範囲とサービス

類されますが,無線 LAN と同様に計算機(コンピュータ)ネットワーク技術の発展形として,本節では

(1) 有線ネットワークを補完する役割を担う固定無線アクセスとその発展系といえる広域無線アクセス MAN として提案された WiMAX.
(2) ユーザの身の回りのものを無線によってネットワーク化するための近距離無線システム PAN に分類される Bluetooth,ZigBee.

に着目します.

● IEEE802.16(WiMAX)

1999 年に WG が設立され,無線 LAN(IEEE802.11)よりも広範囲なエリアを無線でカバーする無線 MAN の規格策定を目指しています.広域無線アクセス BWA(Broadband Wireless Access)とも呼ばれていますが,一般的には WiMAX(Worldwide Interoperability for Microwave Access)という名称で呼ばれています.

この 802.16WG は当初，無線によるラスト 1 マイル[19]（日本での想定距離は 2 km）のブロードバンド・アクセス回線を対象として標準化が進められてきました．つまり，固定の端末との無線アクセス通信を対象として標準化が開始され，2004 年にはそれまでに提案された「10〜66 GHz の無線周波数を利用する 802.16」と「2〜11 GHz の無線周波数を利用する 802.16a」をまとめて，11 GHz 以下の無線周波数を利用する "802.16-2004" が制定されました．この 802.16-2004 標準規格に準拠したシステムは，固定 WiMAX と呼ばれており，20 MHz 幅利用時に最大伝送速度 75 Mb/s を実現します．

　さらに，802.16-2004 の規格をベースに，最大 120 km/h の移動に対応する機能を追加・修正した "IEEE802.16e" が 2005 年 12 月に標準化され，20 MHz 幅利用時に最大伝送速度 75 Mb/s を提供しています．この 802.16e は，使用周波数帯が 6 GHz 以下で，基地局に対して見通しがない NLOS（Non Line Of Sight）のモバイル環境（携帯電話ネットワークと同様の環境）でも使用することができます．この 802.16e に準拠したシステムはモバイル WiMAX と呼ばれています．

　802.16e は 2.2 節で説明した携帯電話ネットワークの基地局を中心とした通信制御と，2.3 節で説明した無線 LAN の自律分散制御の双方を融合，もしくは補完する形で提案されました．そのため，物理層には携帯電話ネットワークと同様に直交周波数分割多元接続 OFDMA（Orthogonal Frequency Division Multiple Access）技術が採用され，データリンク層は無線 LAN と同様にオール IP を前提としたアーキテクチャが提案されています（ここでは説明を割愛します）．

---

[19] 基地局から自宅内の固定のモバイル端末までの通信が対象．

表2.2 IEEE802.16 シリーズの仕様

項目/規格	802.16-2004	802.16 e
周波数帯	~11 GHz	~6 GHz
利用形態	固定	モバイル
伝搬環境	NLOS	NLOS
チャネル帯域	1.25~20 MHz, 25, 28 MHz	1.25~20 MHz
伝送速度	最大 75 Mb/s（20 MHz 帯域の場合）	
制定時期	2004 年 6 月	2005 年 12 月

WiMAX に関する規格の詳細を**表2.2**に示します．固定 WiMAX（802.16-2004 準拠）やモバイル WiMAX（802.16e 準拠）の製品については，業界団体 WiMAX フォーラムによって，(1) WiMAX 共通仕様（プロファイル）の作成や (2) ネットワーク層以上のプロトコルの規定が行われ，製品間の相互接続性の認証や使用の適合性の検証が行われています．このフォーラムはインテルなどのチップベンダ，無線機器メーカ，オペレータなど，多くの企業が参加して結成されています．

WiMAX ネットワークは，韓国の KT 社（Korea Telecom）が 802.16e 準拠のサービス WiBro を 2006 年 6 月から一部地域を対象に世界で初めて開始しており，日本でも 2009 年から KDDI グループの UQ コミュニケーションズ社によって「UQ WiMAX」というサービス名で全国的にサービスが開始されています．

● **IEEE802.15（Wireless PAN）**

IEEE802.16 と同年の 1999 年に設立された IEEE802.15WG は，家電製品の相互接続も含む近距離無線を用いることで，ユーザの身の回りの通信を示す無線 PAN（Personal Area Network）に関す

る標準規格を決定することを目的としています．近距離無線の規格としては，Bluetooth，超広帯域通信 UWB（Ultra Wide Band），ZigBee などが挙げられます．どの規格も通信距離が 10 m 程度（ZigBee は 100 m 程度）と，狭いエリアでの無線通信を，低コスト，低消費電力，あるいは超高速で実現する規格を策定しています．802.15WG 内の以下のタスクグループ（TG）で標準化活動が行われました．

- 802.15.1：主に音声や中速データ転送用の Bluetooth
- 802.15.3：超高速マルチメディア通信のための UWB
- 802.15.4：超低消費電力が特徴の ZigBee

(1) **Bluetooth**

1998 年にエリクソン社が提案した近距離型無線接続技術を Bluetooth と名付けました．この規格は携帯電話を中心に周辺機器と接続することを目的として，パソコン業界と携帯電話業界が連携して技術仕様を規定しました．2002 年に規格化された Bluetooth 1.0 は 2.4 GHz 帯の ISM 帯を使用し，周波数ホッピング型のスペクトル拡散方式を用いた結果，音声や中速データを対象として，1 Mb/s の通信速度を実現しました．その後，2004 年には高速化を目的として Bluetooth2.0+EDR（Enhanced Data Rate）が標準化され，2 または 3 Mb/s の伝送速度を実現しました．

(2) **UWB**

3.1～10.6 GHz という広い周波数帯を利用し，近距離通信ではあるものの超高速通信（480 Mb/s）を目指す無線規格として，2003 年から 802.15.3a TG にて標準化が進められてきました．しかし，2 つの方式（MB-OFDM と DS-UWB）を 1 本化できなかったために，2006 年 1 月に 802.15.3a TG は解散しました．その結果，UWB

は普及していません．

(3) ZigBee

802.15.4 TG で標準化が進められた ZigBee は，直接スペクトラム拡散方式を基本とする技術であり，868 MHz 帯（欧州），915 MHz 帯（米国），920 MHz 帯（日本）[20]，2.4 GHz 帯（全世界共通）を利用しています．2005 年には IEEE 802.15.4 としての標準化が終了し，センサネットワークに実際に適用されています．ZigBee の物理層と MAC 層の標準化は IEEE802.15.4 で行い，ネットワーク層以上の標準化は業界団体の ZigBee アライアンス（IEEE802.16e の WiMAX フォーラムと同様）が推進しています．ZigBee アライアンスは「相互接続性や拡張性に関する仕様の検証，準拠製品の認定」などを行っています．

2.5 無線ネットワークシステムの新しい利用形態

前節で説明した無線 PAN 技術の全て，もしくは一部はスマートフォンやタブレット，ノート PC に搭載されています．そのため，ユーザは端末を持ち歩きながら，これらの無線 PAN 技術を自由に利用することができます．本節では，これらの無線 PAN を利用することで新たに可能となった通信形態について説明していきます．

● モバイル無線 LAN ルータを介した通信

2.3 節で説明したように，無線 LAN は高速なデータ通信を提供できるものの，その通信範囲は AP が設置されているホットスポット（駅や公共スペース）付近に限定されるため，利用可能なエリアが限定されます．そこで，無線 LAN が利用できない場所でも，広

---

[20] 2012 年 7 月に電波法が改定され，日本で利用可能となった．

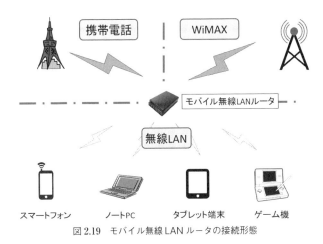

図 2.19 モバイル無線 LAN ルータの接続形態

域で利用可能な携帯電話や WiMAX を利用してインターネットに接続できるようにするための専用のハードウェア機器として「モバイル無線 LAN（WiFi）ルータ」が登場しました．

モバイル無線 LAN ルータの大きさは小さなマウス程度であり，バッテリ駆動で動作のため手軽にバックやポケットに入れて持ち運びできます．図 2.19 に示すように，インターネットへの接続には携帯電話ネットワークもしくは WiMAX といった広域無線ネットワークを利用し，自身に接続してくるスマートフォンやタブレット PC といったデジタル端末に対しては無線 LAN を提供します（モバイル AP として動作する）．これにより，無線 LAN に対応する iPad や iPod Touch，ノート PC，ゲーム機などの機器は，「いつでも，どこでも」モバイル無線 LAN ルータを経由してインターネットに接続させることが可能となりました．

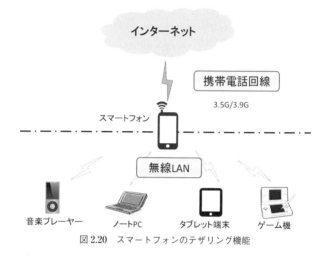

図 2.20　スマートフォンのテザリング機能

● テザリングによる接続

　一方，スマートフォンでは，モバイル無線 LAN ルータの機能をソフトウェアとして実装しており，この機能をテザリングと呼びます．このテザリング機能を使えば，モバイル無線 LAN ルータを使わなくても，直接スマートフォンを介してインターネットに接続することができます（**図 2.20**）．

　このようにスマートフォンとモバイル無線 LAN ルータの両方の回線を契約するよりも，テザリング機能を有効にしたスマートフォンを 1 台利用すれば，通信費を一本化でき，経済的にはお得になります．ただし，このテザリング機能の利用条件は通信事業者によって異なるので，確認してみて下さい．

　スマートフォンは一般に，無線 PAN の 1 つである Bluetooth も搭載しているため，利用可能な無線技術として，(1) 携帯電話ネットワーク（無線 WAN），(2) 無線 LAN，さらには (3) Bluetooth（無線 PAN）を利用することができます．

(1) を利用する場合，人口カバー率がほぼ 100% の携帯電話を用いるため，ほとんどの場所で移動しながらでもインターネットにアクセスできます．次に (2) を限定されたスポットで利用する場合，携帯電話網よりも高速なデータ通信が可能となります．最後に (3) を用いることで，近距離無線で接続した機器から取得した情報によって，ユーザの身の回りの環境を把握することが可能となります．これは今後の M2M 通信や IoT 実現に向けた第一歩となり得ます．

　さらにスマートフォンは，(4) 位置情報を把握するための GPS 受信機，(5) ワンセグ放送の受信機，(6) おサイフケータイや IC カードなどの無線近距離通信などの電波も利用できます．このような多種多様，かつ広範囲な周波数の電波を受信するには，アンテナは 1 種類では実現困難となるため，それぞれに対応した多数のアンテナが内蔵されており，スマートフォンは各種サービスに適した電波を選択した上で通信しています．そこで次章では，周波数によって異なる電波の特徴，特に「電波の到達範囲」や「データ伝送速度」について説明していきます．

文　献

● 参考文献，引用文献

[1]　服部武，藤岡雅宣：『ワイヤレス・ブロードバンド HSPA+ / LTE / SAE 教科書』，インプレス R&D（2009）．

[2]　服部武，藤岡雅宣：『改訂三版 ワイヤレス・ブロードバンド教科書―高速 IP ワイヤレス編』，インプレス R&D（2008）．

[3]　庄納崇：『ワイヤレス・ブロードバンド時代を創る WiMAX』，インプレス R&D（2005）．

[4]　水野忠則，内藤克浩 監修：『モバイルネットワーク』，共立出版（2016）．

[5]　井上伸雄：『図解モバイル通信のしくみと技術がわかる本』，アニモ出版

(2012).

[6] 神崎洋治, 西井美鷹:『体系的に学ぶモバイル通信』, 日経 BP 社 (2010).

[7] 阪田史郎 編著:『ZigBee センサネットワーク—通信基盤とアプリケーション』, 秀和システム (2005).

[8] 守倉正博, 久保田周治 監修:『802.11 高速無線 LAN 教科書』, インプレス R&D (2008).

● さらに勉強したい人への推薦図書および URL

[9] Boris Bellalta, *et al*.: "Next Generation IEEE 802.11 Wireless Local Area Networks: Current Status, Future Directions and Open Challenges", *Computer Communications*, 75 (2015).

[10] 5G LTE の標準化をめぐる動き:

http://iot-jp.com/iotsummary/iottech/技術一般/5 g の標準化をめぐる動き.html

3

無線通信の利用拡大に対応するための技術と課題

　無線通信の利用がさらに拡大していくことが予想される状況において，本章では，まず無線通信で利用する周波数資源の通信特性について説明し，その後，無線周波数資源の利用拡大に伴って解決すべき課題を明らかにします．

3.1　無線周波数資源とその特性

● 電磁波と周波数

　電磁波とは，時間とともに変化する電界が磁界を作り，同様に時間とともに変化する磁界が電界を作り，それらが相互作用しながら伝搬していく波のことを指します．電磁波の発生には，(1) 空間に電界が生じることと，(2) その電界が外に漏れることが必要になります．

　皆さんは物理の講義で見たことがあるかもしれませんが，ある間隔をおいて配置された2枚の平行導体板で構成されるコンデンサがあるとします（**図 3.1**(a))．ここで，導体板に交流電圧を加えると

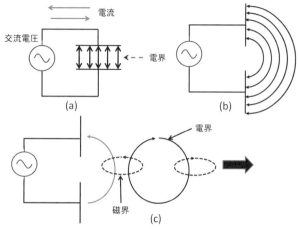

図 3.1 電磁波の放射

電位の高い方から低い方に向かって電流が流れると共に,コンデンサの電極間の電界は時間と共に,大きさと向きが変化します.この構成では,それぞれの導体板から発生する電界・磁界は互いに打ち消し合うため,外にほぼ漏洩しません.しかし,図 3.1(b) に示すような形に配置すると最も放射されます.時間と共に変化する電界によって直交関係を維持する形で磁界が発生します.このように電界と磁界が相互作用によって変化しながら,空間を伝搬していくことになり,この波を電磁波と呼びます(図 3.1(c)).

このように電磁波は,磁界と電界が相互作用しながら空間を伝搬していく波であり,電磁波の 1 回の変化に要する時間,すなわち周期 T [sec] と周波数 f の間,および光速 $c\,(=3.0\times10^8\,\mathrm{m/s})$ と波長 λ [m] の間には,それぞれ次の関係が成り立ちます.

$$f = \frac{1}{T} \quad , \quad \lambda = \frac{c}{f}$$

これらの式から,周波数が高いほど波長が短くなることがわかり

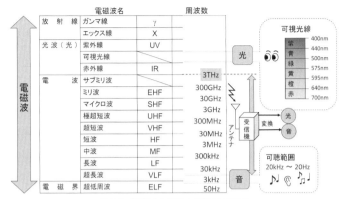

図 3.2 電磁波の種類と周波数の関係

ます．電磁波は**図 3.2** に示すように，

- 放射線（ガンマ線，エックス線）
- 光波（光：紫外線，可視光線，赤外線）
- 電波（サブミリ波から超長波）
- 電磁界（超低周波）

の 4 つから構成されます．

これらの電磁波のうち，電波は電波法によって，周波数が 3 THz[1]～3 kHz の間と定められています．さらに，電波は周波数によって「電波の伝わり方」，つまり伝搬特性が異なるため，その特性に適したシステムに対して予め割り当てられ，利用されています．

● **電波の特性**

電波は光と同じように空間を直進するが，様々な条件のもとでは複雑な伝わり方をします．例えば，私達が利用している無線通信シ

---

[1] テラヘルツを指す．1 THz は 1000 GHz となる．

ステムは，様々な経路（マルチパス経路）を通ってきた電波を受信することになります．そのため，受信側では基本的に，送信側から発信される電波の直接波，反射波，回折波が混在してできた合成波を受信することになります．

直接波とは，その名が示す通り，送信機から送信された電波が直進して直接伝搬した電波を指すものの，携帯電話などのように屋内や市街地で利用される場合，基地局からの直接波を受信することは困難です．一方で衛星通信では，基本的には直接波の受信が通信には必要不可欠となります．

反射波は，山などの大地や電波遮蔽が発生する鉄筋コンクリートなどを用いている建物によって反射された波を指します．金属などの導体による反射波だけでなく，大地からの反射波も存在します．これに対して，電気を通しにくいガラスや木材は，電波の一部を吸収するものの，一部は透過します．つまり，屋内で利用される携帯電話は，壁や窓ガラスを透過した電波を受信していることになります．反射波は直接波から時間的にわずかに遅れて到着するため，（アナログ）TV受信機で信号を受信した際には，反射波によって画面上でわずかにずれた位置で同一の像が出現する，いわゆるゴースト現象が発生していました．

大気中では，その高度によって「空気の密度や気圧，温度，湿度」が変化します．これらの値が大きく変化する高度（層）に電波が到達すると，自然と屈折して伝搬し，進行方向が変化します．これを屈折波と呼びます．そのため自然環境の変化によって，予想もしない場所で電波を受信できることがあります．

回折波とは，山や丘の上，ビルなどの建物といった障害物のそばを通過するとき，その裏側に回り込んで進んでいく波を指します．この時，電波は波長より小さな物体を乗り越えて（裏側に回り込

③ 無線通信の利用拡大に対応するための技術と課題　71

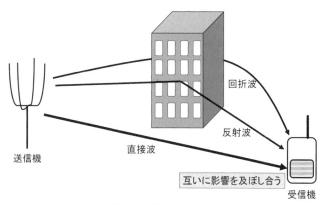

図3.3　電波の伝わり方

む，つまり回折して）進むことができるものの，波長より大きな物体があると遮られて届きません．そのため，地上では周波数が低い（波長が長い）電波の方が遠方まで届きやすくなります（回折効果が大きい）．携帯電話の電波がビルの陰やトンネルの中でも届くのは，反射波や回折波を利用できるからです．

実際の通信環境では図3.3に示すように，伝送すべき情報を載せた電波がマルチパス経路を経て受信側に到着するため，多重化された合成波として受信されることになります．この場合，振幅や位相がずれてしまうため，元々の送信機からの電波の波形が歪んだり，受信電力強度が低下することになります．この現象を一般的にフェージングといいます．フェージングは無線通信時の受信特性を大きく劣化させます．特に移動体通信においては，その受信位置の変化がフェージングによる受信特性劣化に大きな影響を与えます．

電波は空間を球状，すなわち3次元的に伝わっていきます．そのため，電波のエネルギーは距離の2乗に比例して減衰します．ここで携帯電話システムなどの人の動きによって受信機器の向き（指向

性）が変化する無線通信を考慮すると，指向性に依存しない（無指向性）通信品質の確保が重要となります．一方，伝搬距離が長く，減衰量が大きくなる衛星通信などでは，基本的に指向性が強いアンテナが用いられています．

減衰量を表す伝搬損失 P_L は，次の式で求められます[2]．

$$P_L = \left(\frac{4\pi r}{\lambda}\right)^2 = \left(\frac{4\pi r f}{c}\right)^2$$

この式からわかるように，減衰は波長が短いほど大きくなり，周波数の二乗に比例する性質があります．この式は障害物のない自由伝搬空間に適用可能な式ですが，回折や反射の影響がある市街地では，距離の 3〜4 乗に比例して減衰することが経験的に知られており，複数のモデルが提案されています．

信号を発信している電波と同じ（もしくは近接の）周波数帯に他のシステムの電波が存在する場合，結果としてフェージングと同様に受信電力の低下が発生することがあります．この受信電力の減少を干渉と呼び，この影響を受けて無線通信の品質が大きく劣化する場合があります．例えば，近接する複数の無線 LAN の AP が同じ周波数（チャネル）を使用する場合，干渉が発生することになります．また，電子レンジは ISM 帯の 2.4 GHz 帯で動作するため，無線 LAN の干渉源となり得ます．

ここまでに説明してきたように，無線通信時には様々な現象や影響が発生します．そのため，無線通信システムが用いる周波数帯を決定する際には，システムの基本特性を考慮した上で，その特性に適切な周波数帯を個別に割り当てることが重要となります．ただし，電力が大幅に制限される微弱無線などの一部の通信機器を除

---

[2] r は電波の発生源からの距離．エネルギーは伝搬と共に $\frac{1}{4\pi r^2}$ で減少する．

き，許可なく電波を発信することは他のシステムへの妨害となり得るため，電波法によって規制されています．

● **電波の利用用途**

電波の利用用途としては，無線通信だけでなく，放送やアマチュア無線，レーダ，防災無線などの他の用途にも利用されています．また，一概に無線通信といっても，最もよく利用されている携帯電話以外にも，警察無線，消防・救急無線，タクシー無線，漁業無線，列車無線，MCA（業務用の移動通信システム）などの様々な用途のために利用されています．

一方で電波は，図 3.4 に示すように，周波数が 10 倍変化する単位で「長波」，「中波」，「短波」などの名称によって分類されています．また周波数と波長の関係は，真空中でも空気中でも，

波長 $\lambda =$ 電波の伝搬速度 c（光の伝搬速度）[3]/周波数 f

という関係が成り立ちます．この式から，周波数が低い（高い）ほど波長が長く（短く）なることがわかります．

一般に，周波数が低い電波は，電離層での反射や地表面を回折するなどの理由によって遠くまで届くものの，周波数が高くなると次第に光と同様に直進性が強くなります．直進線が強い場合，空気中の水分（雨）などによって減衰するため，遠くまで届きにくくなるといえます．

一方で，周波数の低い電波は信号を伝搬するために必要な変調速度[4]が低くなるため，結果的に伝送可能な情報量が少なくなります（データ通信速度が低い）．これに対して，周波数の高い電波ほど変

---

[3] 電波および光の伝搬速度は，3.0×10^8 m/s で計算できる．

[4] 単位時間あたりに信号を変化可能な回数を指す．

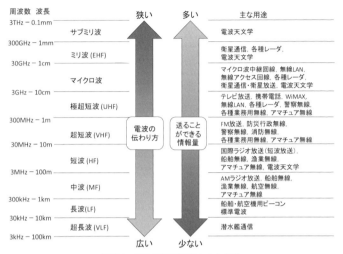

図 3.4 電波の周波数帯と主な用途

調速度を高速化できるため，結果的に伝送可能な情報量が多くなります（データ通信速度が高い）．

以上の特性を踏まえた上で，遠方まで届きやすいという点が重視されて，電波は当初，低い周波数帯から利用されはじめました．100 MHz 以上の高い周波数の電波が本格的に利用されはじめたのは第2次世界大戦以降ですが，昨今の携帯電話や無線 LAN などの無線通信ではさらに高い周波数帯の UHF 帯やマイクロ波帯の電波を用いています．ただし，電波の利用に必要となる技術的難易度は，周波数が高い程高くなるため，今後，さらに高い周波数帯を利用するためには，更なる研究開発が必要になります．

3.2 今後の無線周波数資源への要求とその課題

1.4 節で説明したように，通信機器を搭載したセンサの小型化・低価格化・高機能化・省電力化が急速に進んでいるため，今後は従

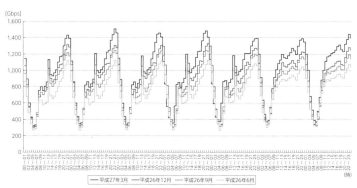

図 3.5 携帯電話ネットワークトラヒック量の推移
（カラー図は口絵 2 参照）
出典　総務省：情報通信白書 平成 27 年版

来の無線通信機器に加えて，新たな無線通信端末としてあらゆる "モノ" がインターネットにつながる IoT 時代が到来すると予想されています．ここで注意が必要な点は，「"モノ" がインターネットにつながり，自律的に通信を行う」ということは，これまでのインターネット上で行われていた通信とは大きく特性が異なるということです．

インターネットが登場して以降，"人が操作する計算機" が "人の意思" に従って通信を行ってきたため，インターネット上のトラヒックの変動は "人の行動，振る舞い" に大きく依存していました．例えば，**図 3.5（口絵 2）** に示すように，携帯電話ネットワーク上を流れるトラヒック量は曜日の違いにほぼ依存することなく，一日の中で規則的に変化していることがわかります．これは人が就寝している深夜はトラヒック量が減少し，活発に活動している時間帯はトラヒック量が急増しているからです．このようにトラヒック量は "人の社会活動" と密接に関連しています．

しかし，モノが人を介さずに直接通信する M2M 通信が浸透すると，無線通信端末数は人口よりも遙かに大きな数にまで増加することは間違いないでしょう．前述のシスコシステムズ社の予測 [5] によると，2020 年には 1 人が保持する無線通信端末数も 1.5 台に増加し，合計で 116 億台（予測人口は 78 億人）となると予想されています．つまり，人が持つ無線通信端末でさえ人口を超えるため，人が持たない無線通信端末を考慮すると数年後には人口を超えることは間違いないと断言できる状況といえます．

この IoT／M2M 時代による無線通信端末数の増加に加えて，従来のスマートフォンなどの無線通信端末もビデオなどの大容量コンテンツの普及によって，送受信するトラヒック量が急激に増加すると予想されています．この報告 [5] によると，

(1) 2015 年から 2020 年の 5 年間に，全世界のモバイルデータトラヒックが約 8 倍（年平均成長率は 53％）増加する見込み．また，2020 年時点でトラヒック量は 30.6 エクサバイト/月に達する見込み．

(2) 2020 年までに，3.9 G（LTE）の携帯電話が全接続の 40.5％，トラヒック全体の 72％ を占める見込み．2020 年の時点で，3.9 G 端末が発生するトラヒック量は，それ以外の端末が発生するトラヒック量と比較して，平均 3.3 倍まで増加．

(3) 2020 年までに，無線通信ネットワークに接続される全デバイスの 5 分の 3 以上が「スマート」デバイスに（2015 年：36％ ⇒ 2020 年：67％），生成トラヒックは 2015 年の 89％ から 98％ に増加．

(4) 2020 年までに全世界のモバイルデータトラヒックの 4 分の 3 がビデオで占められる見込み．モバイルビデオのトラヒック量は 2015 年から 11 倍に増加．

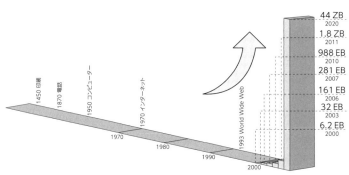

図3.6 国際的なデジタルデータ量の増加予測

出典：IDC's Digital Universe, The Digital Universe of Opportunities: Rich Data and the Increasing Value of the Internet of Things, Sponsored by EMC（2014年4月）等から作成

(5) 2020年までに，平均的なスマートフォンは1ヵ月あたり4.4 GBのトラヒック（2015年の約5倍）を生成．

が挙げられています．またIDC Digital Universeによると，全デジタルデータ量は2010年時の988エクサバイトから2020年には約40倍の44ゼタバイトへ増加すると予想されています（**図3.6**）．

すでに幅広く利用されている無線周波数資源（携帯電話や無線LAN）は，今や混雑による通信性能劣化が問題となっているため，このように急増するデータトラヒック量を収容するのは困難となることは断言できる状況です．そこで，これまでは通信システム用にそれほど利用されていない，より高い無線周波数帯の利用が検討されています．しかし，高い周波数帯の利用には，技術的な困難さと，到達範囲の狭さといった無線通信特性の問題をクリアする必要があります．

そこで，解決手段としては，高周波数帯の利用だけに頼るのではなく，限りある無線周波数資源を有効利用するための様々な技術の

検討が必要であり，複数の技術の組み合わせによる総合的な手法の考案が必要不可欠になると考えられます．しかしその際には，通信に用いる無線周波数帯域に応じて，通信範囲やデータ通信速度といった通信特性が大きく異なる点に注意する必要があります．さらに，通信トラヒック量の急増だけでなく，無線接続する通信機器数の急増についても考慮する必要があります．

つまり，今後の IoT 社会の実現のためには，トラヒック量および通信機器数の急増への対応という課題を解決することが必要不可欠となります．そこで次節では，現在，主に解決手法として注目されているトラヒックオフロード技術について，3.4 節では，今後の新たな解決手法として期待されるコグニティブ無線技術について，それぞれ概要と課題について説明します．

3.3 トラヒックオフロード技術の概要とその課題

携帯電話ネットワークを提供する「基地局」と，無線 LAN を提供する AP では，無線通信サービスを提供可能な範囲（携帯電話ネットワークではセルと呼ばれます）は一般的に大きく異なります．例えば，屋外に設置された携帯電話の基地局はマクロセルと呼ばれ，数 km の広い範囲に無線通信サービスを提供しますが，無線 LAN の AP は 100 m 程度の狭い範囲にしか無線通信サービスを提供できません．加えて，携帯電話はセルを隙間なく配置することで広い範囲をカバーするものの，無線 LAN は基本的には駅や空港などの特定の公共エリアのみをカバーしています．そのため，無線通信端末を所有するユーザにとっては，自身の移動中においても常に利用可能な無線ネットワークは携帯電話となり，ある特定の場所にいるときだけ，一時的に無線 LAN を利用するという利用形態が現時点では一般的といえます．

前述したように，昨今のスマートフォンやタブレット端末，およびビデオコンテンツなどの爆発的な普及によって，モバイルデータトラヒックが急増していることは紛れもない事実です．実際に2012年には，この膨大なモバイルデータトラヒックが携帯電話ネットワークに流入した結果，携帯電話ネットワーク内のルータ（パケット交換機）の処理能力を上回り，通信障害が発生してユーザがサービスを利用しづらくなる状況が頻発しました．また，障害は発生しなくても，各種のイベント会場や市街地などのユーザが密集して存在するエリアでは，1台の基地局に多数の端末が接続するため，端末1台あたりの利用可能な帯域幅が限定され，さらにつながりにくくなる問題が頻発しています．皆さんも通勤・通学や帰宅中の満員電車で携帯電話を利用する際に，通信速度の低下を感じることがよくあると思います．

　このようなトラヒック量増加による通信品質の低下を改善するために，携帯電話ネットワークを運用する通信事業会社は

(1) 敷設する基地局数を増加させ，基地局1台あたりへの同時接続ユーザ数を減少させる．
(2) ルータ（パケット交換機）の処理性能を向上させ，大量のトラヒックに耐え得るネットワーク基盤を構築する．

などの対策をとっています．しかし，これらの対策には経済的なコストがかかるため，これらの対策だけでは十分とは言えません．そこで，スマートフォンのデータ通信トラヒックを携帯電話網以外に迂回させることで，負荷を分散する方法，いわゆるトラヒックオフロードの活用が検討されています．

　このモバイルデータトラヒックのオフロード（迂回）先のネットワークとして，無線LANの利用が検討されています．つまり，

家やオフィスなどに設置された屋内の無線 LAN の AP や公衆無線 LAN サービスを利用することによって，携帯電話ネットワークに送信されていたモバイルデータトラヒックを，無線 LAN 経由で固定ブロードバンドネットワークに対してオフロードすることができます．トラヒックオフロードを行うことで，

(1) 基地局1台に同時接続するユーザ数を削減できるため，ユーザの通信品質が向上．
(2) 無線 LAN の方が高いスループットを提供できるため，ビデオトラヒックなどの大容量マルチメディアコンテンツを利用することが可能．
(3) 携帯電話では，規定したトラヒック量を超える場合，帯域制限を課せられる場合が多いが，オフロードによってそれを避けることが可能．

というメリットがあります．そのため，携帯電話ネットワークを運用する通信事業者は，モバイルデータトラヒックのオフロード先のネットワークとして，主に都市部における商店街や店舗などを中心に，競うように多数の公衆無線 LAN を設置しています．

しかし，前述したように無線 LAN で利用可能な周波数帯は限定されているため，異なる通信事業者等が，無線 LAN の AP をそれぞれ独自に設置すると，あるエリアにおいて，複数の AP が同一のチャネルを使用する場合も生じ，干渉によって通信性能が劣化することになります．そのため，もっと広い視点でみたトラヒックの収容手法の検討が必要となります．

加えて，AP が提供可能な通信範囲は小さい（狭い）ので，広大な範囲をカバーすることはできません．そのため，無線 LAN を利用して通信を行っていたユーザが無線 LAN エリアから移動すると，

すぐに通信できなくなってしまいます．この時，弱くなった無線LANの利用を継続し，携帯電話網に切り替わるのが遅れると，通信性能が低下するといった問題が発生してしまいます．この問題を解決するためには，無線LANの通信状況に応じて，携帯電話ネットワーク（5G LTE / 4G LTE / LTE）との間で通信経路の切り替えを決定するしくみ（ハンドオーバ手法）が重要となります．

なお，通信中のハンドオーバ時には，通信自体が切断されるという問題が発生するため，この課題を解決する「ユーザの移動を支援するためのプロトコル（移動支援プロトコル）」が重要となります．この問題が発生する原因や移動支援プロトコルの動作については，次章で詳しく説明します．

3.4 コグニティブ無線技術の概要とその課題

前節で説明したトラヒックオフロード技術は，トラヒックのオフロード先が無線LANだけに限定されているため，その効果が限定的なものに留まる可能性が高いと考えられます．オフロード効果をさらに高めるには，もう少し幅広い無線周波数帯へのトラヒックオフロードを考える必要があります．そのため，幅広い無線周波数資源の利用状況について調査する動きが出てきました．

そこで本節では，まず無線周波数資源の利用方法を決定する手続きについて説明した上で，無線周波数資源の利用状況の調査結果について説明します．

● 無線周波数資源の割当手続き

3.1節で説明した電波の利用方法は，2段階のプロセスを経て決定されます．

- 第1プロセス：分配（Allocation）：周波数の国際分配はITU

の世界無線通信会議によって決定されます．ここで，移動通信やTV放送といった利用方法の大枠は世界規模で統一されます．

- 第2プロセス：割当（Assignment）：第1プロセスによって決定された利用方法の大枠に基づき，その利用サービスを提供する国内の事業者および利用者に対して周波数を割り当てます．

基本的には割当が完了した周波数の管理は，各国の省庁が担当しています．日本では，「電波の公平かつ能率的な利用を確保することによって，公共の福祉を増進すること」を目的として，電波法に基づき総務省が周波数管理を担当しています．米国ではFCC（Federal Communications Commission），英国ではOfcom（The Office of Communications）が周波数管理を担当しており，周波数の割当方針は各国によって異なります．

日本での周波数割当状況ですが，一般にデータ通信に適した周波数といわれている30 MHz～30 GHzには，ほぼ未使用で新たな無線サービスに対して割当可能な周波数帯は存在しない[5]ことがわかります．この傾向は米国でも同様で，すでに30 MHz～30 GHzの周波数は多様な用途でほぼ利用されています．

● 無線周波数資源の利用状況調査

現在の無線周波数資源の割当状況を見る限り，未使用で新たな無線サービスに割当可能な無線周波数は存在しません．しかし，3.2節で述べたように，今後のIoT／M2Mの実現により，無線通信機器の数が2020年までに500億台に増えるだけでなく，無線トラフィック量も40倍程度まで増加することが予想されているため，現状

---

[5] 30 MHz～30 GHzの間で未使用な周波数は5%程度といわれている．

の周波数利用方法では収容できないことは明らかといえます.そこで,新しい無線周波数資源の有効利用手法を考案することが必要不可欠となります.

この問題の解決方法を検討するために,米国 FCC は「ある特定の場所で」,「一定期間」,「広い無線周波数帯」の利用状況の調査を行いました.その結果を**図 3.7** に示します.この図から,前述の無線周波数資源の割当手順により,ほぼ全ての周波数帯に対して利用形態と利用者が決定しているにも関わらず,その利用状況は以下の点で大きく異なることがわかります.

- 2 GHz 以下の周波数に関しては,利用率が 30% 以上と比較的高く,利用効率がよい(頻繁に利用されている).
- 一方で,3 GHz〜5 GHz の利用率が 10% を大幅に下回っており,ほぼ利用されていない.

さらに FCC が行った調査 [6] によると,無線周波数帯の利用状況は「時間的」,「空間的」に 15〜85% で変動していることがわかりました.つまり,これらの調査の結果,「新規に割り当てるための空き周波数帯は枯渇しているものの,これまでにすでに割当済みの無線周波数帯は効率的に利用できていない」ということが明らかになりました.

時間的および空間的な周波数の利用状況の変化の概念を**図 3.8**(**口絵 3**)に示します.この概念について,皆さんが日常生活で用いている携帯電話を例に説明します.まず,皆さんが都心やビジネス街,繁華街で携帯電話を利用する場合,近くに携帯電話を利用しているユーザが多数存在するため,その利用率は高くなります.一方,皆さんが山間部や農村部で携帯電話を利用する場合,近くに携帯電話の利用者が少ないため,その利用率は低くなります.このよ

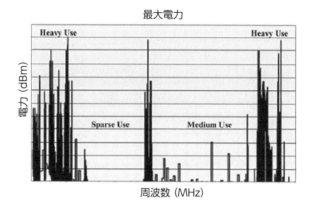

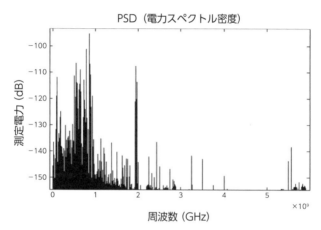

周波数 (GHz)	0〜1	1〜2	2〜3	3〜4	4〜5	5〜6
利用率 (%)	54.4	35.1	7.6	0.25	0.128	4.6

図3.7 米国における周波数の利用状況

出典 (1) I. F. Akyildiz, et al.: *Computer Networks*, 50 (13), 2127-2159 (2006).
(2) J. Yang: "Spatial Channel Characterization for Cognitive Radios", MS. Thesis, UC Berkeley (2004).

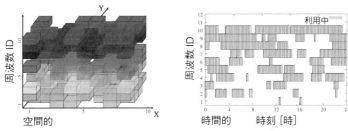

図3.8 空間的・時間的な周波数の利用状況の変化
(カラー図は口絵3参照)

うに,場所によって周波数の利用状況が異なることを「空間的な変化」といいます.

これに対して,皆さんは朝起きてから日中活動し,就寝するまで(例えば午前0時頃)の間に携帯電話やスマートフォンを頻繁に利用すると思います.そのため,この時間帯の利用率は高くなります.一方で,深夜などの時間帯は大半の人が寝ているため,深夜から早朝にかけての携帯電話の利用率は非常に低くなります.このように,時間によって周波数の利用状況が異なることを「時間的な変化」といいます.

● (TV) ホワイトスペースの利活用

この「空間的」,「時間的」に未使用の周波数帯はホワイトスペースと呼ばれ,このホワイトスペースの利活用がトラヒック量の急増という問題を解決する手段として注目されています.

従来の(固定的な)周波数割当ポリシでは,周波数毎に利用者に占有使用権が与えられ,それ以外のユーザには利用を認めないことで,「混信や干渉を防止」していました.つまり,ホワイトスペースの利用は認められてこなかったのですが,「確実に混信や干渉を回避できる」と保証できるならば,ホワイトスペースを利活用でき

るのではないかと考え，その方法について世界各国で検討が進んでいます．現在では，特にTV周波数帯内に存在するホワイトスペース（以降，「TVホワイトスペース」と呼ぶ）の利活用方法に関する検討が活発に行われています．

TVホワイトスペースの利用について検討が開始されているのは，以下に示すような理由が考えられます．

- アナログ放送からデジタル放送への移行時期と重なったため，大きな変更が比較的行いやすい．
- 周波数帯を利用する送信機器（TV基地局）の場所が固定されており（移動しない），送信電力も一定となる．また，基本的には24時間，常に電波が送出されており，時間的な変化はほぼ発生しない．

TVホワイトスペースの利用を初めて承認したのは米国のFCCで，2010年9月23日にTVホワイトスペースの利用条件を公表し，正式に周波数帯を解放しています．以下に利用条件を簡単に示します．

(1) TVホワイトスペースの名称は"スーパーWiFi"．
(2) 法的・技術的要件の詳細はSecond MO&O [7] に記載．
(3) TVホワイトスペースを利用する際には，機器の位置情報，およびホワイトスペースに関するデータベース情報の2つを考慮する必要がある．

上記の法的・技術的要件は，無線通信機器の種類別に規定されており，データベースへのアクセス基準などが明記されています．特に，スマートフォンなどの移動通信端末がTVホワイトスペースを利用する際の条件を**図3.9**に示しますが，基本的には起動時と24時間毎，および100 m移動する毎にデータベースにアクセスする必要があることがわかります．

◆ TVBD機器は,
  FCC規則に準拠したタイミングで
  実験用データベースから情報を取得

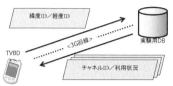

	移動端末（ModeⅡ）
位置把握	必須
頻度	60秒毎
精度	±50m
DBアクセス	必須
頻度	起動時／24時間毎／100m移動毎
取得情報	その場で利用可能なチャネル番号リスト

図3.9 TVホワイトスペースの利用条件（FCCルール）

FCCは2011年12月，Spectrum Bridge社のデータベースをTVホワイトスペースの利用機器（TVBD機器）が接続するデータベースとして承認し，以降，複数の会社のデータベースやTVBD機器が利用可能となっています．その後，2012年1月末からは，ノースカロライナ州ウィルミントン市においてTVホワイトスペースを用いた商業サービスが開始されています．

一方，欧州においても，CEPT（The European Conference of Postal and Telecommunications Administrations）において，TVホワイトスペースの利活用方法が検討されています．中でも特に英国は，早期の実用化を目指していたため，Ofcomは2011年9月にTVBD機器に対する技術基準を決定しました．その結果を受けて，Neul社がM2M通信のためにTVホワイトスペースを利用するサービスを検討し，通信機器の販売が開始されています．

その他，シンガポールの情報通信開発庁IDA（Infocomm Development Authority of Singapore）もTVホワイトスペースの利用

方法について検討を進め，2010年7月にはTCP／IP通信プロトコルアーキテクチャにおける「上位層，下位層，およびクロスレイヤ制御」の各機能を含むプロトタイプを開発した上で，実機の性能評価結果を公表しました．

　このように世界各国でTVホワイトスペースの利活用方法の検討が開始されています．もちろん日本においても2009年11月に「新たな電波の活用ビジョンに関する検討チーム」が発足し，TVホワイトスペースの利活用を含む電波利用モデルを作成し，その実証実験を行うためのホワイトスペース特区を決定しています．その後，TVホワイトスペースを利活用したサービスの全国展開を目指して「ホワイトスペース推進会議」が2010年9月に設立されました．しかし，この推進会議で検討された利用方法は，ほぼ放送サービスに限定されており，データ通信のための検討は行われませんでした．しかし，今後のトラヒック量の急増に対応するには，データ通信のためのTVホワイトスペースの利活用方法の検討が必須となるため，今後の迅速な研究開発が期待されます．

● **コグニティブ無線という概念の登場**

　これまでに説明してきたTVホワイトスペースの利活用方法の検討は，TV周波数帯という特殊な利用条件をうまく活用した方法ではあったものの，今後のトラヒックの急増に対応するためには，TV周波数帯だけではなく，30 MHz〜30 GHzという幅広い周波数帯の中に存在する全てのホワイトスペースを有効活用することが重要になります．そこで，このホワイトスペースの有効利用を実現するための1つの手段として今，着目されているのがコグニティブ無線技術です．

　コグニティブ無線は1999年にJ.Mitola[8]によって初めて提案さ

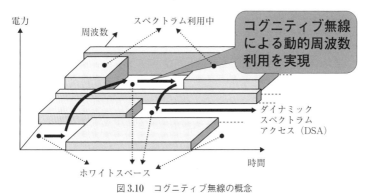

図 3.10 コグニティブ無線の概念

出典 I.F.Akyildiz, et al.: *Computer Networks*, 50(13) 2006

れた概念で，図 3.10 に示すように，周辺の通信状況に応じて，幅広い周波数帯の中に存在する複数のホワイトスペースを適宜切り替えながら，自身の通信を継続することを実現しています．つまり，動的な周波数（ホワイトスペース）の利用を実現する技術といえます．

この通信形態では，「プライマリユーザ」と「セカンダリユーザ」の 2 種類のユーザが存在します．

(1) プライマリユーザ：ある周波数帯の独占使用権（ライセンス）を保持するユーザ．

→ 従来の固定割当におけるサービス利用者．

(2) セカンダリユーザ：その周波数帯のライセンスを保持していないユーザ．

→ コグニティブ無線技術を用いるユーザ．

この場合，これらのユーザが以下に示す通信環境の中で混在した上で，それぞれ通信を行うことになります．

(1) 割当周波数幅は事前に決定され，固定で変更されない．

(2) 各周波数に必ず，サービス割当（assignment）されたライセンスユーザ（プライマリユーザ）が存在．

コグニティブ無線は基本的に，プライマリユーザに影響（混信／干渉）を与えない範囲で，セカンダリユーザによる周波数の動的利用を許可する通信形態です．一般的にはこのセカンダリユーザの通信を「opportunistic マナーでのアクセス」と呼び，プライマリユーザの優先権を確実に実現しなければなりません．

コグニティブ無線の定義は 2005 年に FCC によって「通信環境とのインタラクションを通じて，通信に必要なパラメータを動的に変更する能力」と決定されています [9]．この「通信に必要なパラメータを動的に変更する能力」は，以前からソフトウェア無線（SR：Software Radio）として提案されていました．しかしコグニティブ無線では，これに加えて「(1) 周辺の通信環境とのインタラクションを通じて状況を把握」し，「(2) 状況に応じて適切に判断した上で変更する」という能力まで拡張されています．また，解釈の違いによって，同一の概念ですが，ダイナミックスペクトラムアクセス（DSA：Dynamic Spectrum Access）等，様々な名称で呼ばれています．ここで導入された 2 つの新しい概念の中身について簡単に説明します．

(1) 通信環境とのインタラクション

周辺の電波の利用状況／環境や自身（アプリケーションユーザ）の通信に対するニーズに関して認知（＝Cognition）することを指します．認知する項目としては，具体的には

- 周辺の電波環境
  ・利用無線周波数帯，伝送方式，通信プロトコル
  ・ハードウェア／ソフトウェア

・無線伝搬環境，ネットワークトポロジ
- 自身（アプリケーションユーザ）のニーズ
  ・ユーザ嗜好（何を重視するか：コスト，通信速度など）
  ・使用するアプリケーション（実時間 or 非実時間通信）

などを含みます．

(2) 状況に応じて，適切に判断した上で変更する能力

　(1)で認知した情報に基づいて，自動的に通信を最適化する能力を指します．具体的には，自身の通信に用いる

- 利用無線周波数帯，伝送方式，通信プロトコル
- ハードウェア／ソフトウェア
- ネットワークトポロジ

を適切に決定して変更することです．

● **コグニティブ無線技術の導入による効果**

　コグニティブ無線技術を導入することで，無線周波数資源を動的に再利用できるようになるため，より多くの無線通信利用者に周波数を提供することが可能となります．具体的には，

(1) 必要な時に必要な分（帯域）だけを臨機応変に再利用することができる．
(2) 固定的な周波数割当より実効的な利用効率が向上する．
→ 任意の通信用途や無線通信方式に対応可能な技術．

などが効果として挙げられます．

　コグニティブ無線技術は，以下のようなシーン／場合／条件において効果的に活用できると考えられています．

(1) 一時的な接続が必要な場合（常時接続の必要性がない）．

(2) 必要とする通信帯域が状況・時間・空間によって大きく変化する場合.
(3) 多種多様な多くのトラヒックが混在する場合.
(4) 緊急時等における重要な通信を優先して確保する場合.

このようにコグニティブ無線技術は,「接続端末数の増加」,「トラヒック量の増加」だけでなく,「トラヒックの多種多様化」に対しても有効な手法なため, 現在注目されています.

● **コグニティブ無線技術を活用したシステム例**

コグニティブ無線技術を用いる新たなアプリケーションとしては, 図 3.11 や図 3.12 に示すようにインテリジェントホームネットワークや ITS などを含めた多数の応用可能なユースケースが考案されている状況です. このうち, 次世代 ITS への適用については, 筆者らも研究を進めてきたので, 後ほど 5.7 節で内容について詳説します.

これまで見てきたように, 無線通信への要求は今後も急速に高まり続けることは間違いない状況であり, 急増する「無線通信端末数」や「無線通信トラヒック量」への解決策の考案が必要不可欠になっていることについて説明してきました. この解決策として, 現在はトラヒックオフローディングが推進されているものの, より柔軟かつ効果的な方法として「ホワイトスペースの動的利用を実現するコグニティブ無線」が着目されていることを紹介しました. 世界各国では, この技術を対象として研究開発が進んでいる一方で, 日本での検討は一歩立ち後れているのが現状だと考えています.

無線周波数資源は世界共通の有限の資源といえ, ホワイトスペースの利活用技術は無線ネットワークの基盤技術になり得ると考えられます. そのため, この基本技術を日本が開発できれば, 技術を海

③ 無線通信の利用拡大に対応するための技術と課題 93

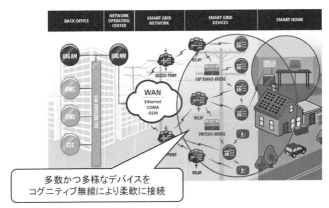

図 3.11 ユースケース 1（インテリジェントホーム）

出典 earth2tech(http://earth2tech.files.wordpress.com/2008/04/silver-demo.jpg)

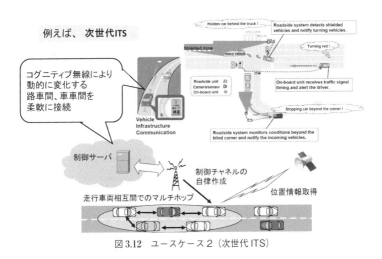

図 3.12 ユースケース 2（次世代 ITS）

外に輸出することで日本の技術立国としての地位を高めることができます．コグニティブ無線技術に関する研究開発の積極的な進展のために，国を挙げてサポートすることを筆者も期待してやみません．

文　献
● 参考文献，引用文献
[1] 竹田義行 監修：『改訂版 ワイヤレス・ブロードバンド時代の電波／周波数教科書』，インプレス R&D (2008)．

[2] 田中博，風間宏志：『よくわかるワイヤレス通信』，東京電機大学出版局 (2009)．

[3] 神崎洋治，西井美鷹：『体系的に学ぶモバイル通信』，日経 BP 社 (2010)．

[4] 総務省：情報通信白書 平成 27 年版：
http://www.soumu.go.jp/johotsusintokei/whitepaper/ja/h27/pdf/27honpen.pdf

[5] Cisco Visual Networking Index：全世界のモバイルデータトラフィックの予測，2015～2020 年アップデート：
http://www.cisco.com/web/JP/solution/isp/ipngn/literature/white_paper_c11-520862.html

[6] FCC: Notice of Proposed Rule Making and Order, ET Docket No.03-322 (2003).

[7] FCC: Second Memorandum Opinion and Order, FCC 10-174 (2010).

[8] J. Mitola III and G.Q., Maguire: "Cognitive Radio: Making Software Radios More Personal", *IEEE Personal Communications*, 6 (4)13-18 (1999).

[9] FCC: Facilitating Opportunities for Flexible, Efficient, and Reliable Spectrum Use Employing Cognitive Radio Technologies, Report and

Order, FCC 05-57 (2005)

● さらに勉強したい人への推薦図書
【コグニティブ無線のサーベイ論文】

[10] I.F. Akyildiz, *et al*.: "Next Generation / Dynamic Spectrum Access / Cognitive Radio Wireless Networks: A Survey", *Computer Networks*, 50 (13) 2127–2759 (2006).

④

移動しながらの通信を可能にする技術

　皆さんは日常生活の中で無線通信ネットワークをいつ使っているでしょうか？　もちろん家や会社・大学での休み時間に利用することも多いと思いますが，一番利用しているのはバスや電車などの公共交通機関を利用中，いわゆる"移動中"ではないでしょうか？　筆者が電車やバスを利用する際は，乗客の8割くらいは座席に座りながら，もしくは立ったまま，スマートフォンの画面を見ているように見受けられます．このようにスマートフォンの利用者を中心に，移動しながら通信する「モバイル通信」を日常生活の中で無意識に利用しています．つまり，ユーザは「インターネットに無線で接続し，移動しながらデータ通信を行うモバイルインターネット」に，強い要望を潜在的に保持しているといえます．

　ここでモバイル通信についての歴史を振り返ってみると，2000年代前半までは屋外では携帯電話ネットワークを用いて少量のデータ通信を，屋内ではPCを用いて無線LAN経由で大容量マルチメディア通信を行うというように，場所に応じて「通信機器」と「通

信ネットワーク」を各自で使い分ける利用方法が一般的でした．これに対して，2000年代後半からのスマートフォンの普及によって，従来の音声通話よりもインターネットとの親和性が高いモバイルデータ通信への要望が高まり，携帯電話ネットワークの通信速度の増加と共に，データ量が急増することになりました．

しかし，(1) 携帯電話ネットワークの伝送速度では，インターネットのマルチメディア通信を充分に楽しめない，(2) コストが高い，という問題が相まって，スマートフォンから利用可能となった無線LANを活用するトラヒックオフロード技術（3.3節で説明）などが広く一般的に利用されるようになりました．つまり，一般のユーザもスマートフォンという1つの無線通信端末を用いて，複数の無線通信ネットワークを状況に応じて使い分けて利用しています．

無線通信ネットワークのサービス提供可能エリアは無線通信ネットワーク毎に異なるため，モバイルインターネットの実現には，「端末の移動によって発生する問題」を解決する必要があります．しかし，この「移動しながらの通信」を克服することによってインターネットは新たな局面を迎えることになります．つまり，移動する様々なモノ（乗り物や持ち物などの身の回りの全てのモノ）がインターネットに接続され，人間の社会活動や知的活動を支えるような時代が来るかもしれません．本章では「移動しながらの通信」，「モバイルインターネット」を可能とするための技術について説明していきます．

4.1 モバイルインターネットのための基盤

モバイルインターネットを実現するには，「通信可能な範囲」や「提供可能なデータ通信速度」および「通信品質」といった，通信に関する特徴が異なる多種多様な無線通信技術を使い分けて利用す

ることが重要となります.そこで本節では,それぞれの無線通信技術の特徴をまとめ,移動によって発生する状況について説明していきます.

● **携帯電話ネットワーク**

多くのユーザにとっては,初めて自身が移動しながら(音声)通信を行う「モバイル通信」を体験したネットワークです.その後,スマートフォンの普及によって,音声通信よりもウェブやメール,動画配信サービスなどの,いわゆるインターネットと親和性の高いデータ通信が急激に普及し,ユーザは移動しながらインターネット通信を行うことが普通となりつつあります.

この携帯電話ネットワークは,2.2節で説明したように,携帯電話やスマートフォンが近隣に設置されている基地局(BS)と無線接続をする形態で構築されています.携帯電話ネットワークでは,基地局からの電波を受信できる範囲を「セル」と呼び,建物などの影響で実際には難しいのですが,**図 4.1** に示すように,セルで空間を埋め尽くす[1]ように基地局が配置されています.この際,限られた無線周波数を有効に利用するために,電波が届かない距離に設置された複数基地局(セル)で,同じ周波数を繰り返して利用します.これを周波数繰り返しと呼びます.携帯電話やスマートフォンは,自身の位置と最近接の基地局とを無線接続して通信します(これをセルラー方式と呼びます).

携帯電話会社の立場から考えると,セルサイズを大きく設定すると,設置する基地局数を削減できるためコスト削減につながるものの,1セル内に存在するユーザ数が増加するため,通信品質が低下してしまいます.そのため,通信品質とコストのトレードオフを考

---

[1] セルは円に近く,空間を埋め尽くす事が可能な正六角形で表される.

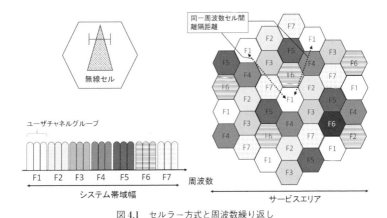

図 4.1 セルラー方式と周波数繰り返し

慮して 1 セルの大きさを設定する必要があります．

セルサイズは人口密集度，すなわち端末の面的な存在比率に応じて動的に変更するのが一般的であり，日本では都市部では「数百メートル」，郊外では「数キロメートル」，山間部では「5～10 km」程度に設定されています．

しかし，都市部ではユーザが極めて密集する箇所が多く存在するため，より半径が小さいマイクロセルやピコセルで構成されています．それに加えて，家や店舗などの屋内での不安定な電波状況の改善，および無線 LAN と同様のトラヒックオフロードを目的として，半径数メートルから 10 メートル程度のフェムトセルも設置されており，この場合，携帯電話網を経由することなく，インターネットと直接データを送受信することができます．セル構成の種類を**図 4.2** に示します．

携帯電話の利用者は移動しながら通信を行うため，通信中に複数のセルにまたがって移動することがあります．携帯電話ネットワークでは，携帯電話やスマートフォンに対する着信処理を高速かつ効

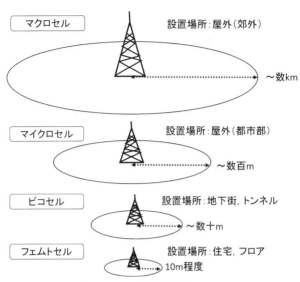

図 4.2 セルの種類と大きさについて

率よく行うために，各端末から定期的に届く位置登録情報をもとに，「端末がどのセル内に存在するか」を常に把握しています．そのため，移動によって接続セルが変更されたことを素早く検知し，通信の切断を避け，継続することができます．この機能を一般的にハンドオーバまたはハンドオフ機能と呼びます．

具体的には，異なる基地局によって提供されるセル間でハンドオーバを実現するために，携帯端末が移動元と移動先の2つの基地局と同時に通信を行います．これによりセル移動中も通信の切断を避け，安定した通信品質を提供できます．これをソフトハンドオーバと呼びます．なお，これらのハンドオーバ処理は携帯電話網内での唯一性を確保した特殊な識別子を用いて行われるため，IPアドレスなどのインターネット上で用いられる識別子はセル間のハンドオーバによって変更されません．そのため，セル間の移動におい

てもインターネットアプリケーションを継続して利用することができます.

この携帯電話網は現在,最も普及しており,国土の広範囲をカバーしています.総務省の参考資料によると平成 25 年 11 月末現在の日本の主要携帯電話会社(NTT ドコモ社,KDDI 社 au,ソフトバンク社)によるサービスエリアの人口カバー率[2]は 99.97% となったことが報告されています.つまり,人の生活環境においては,ほぼ全ての場所において携帯電話が利用できる状況にあり,モバイルインターネットにおけるベースネットワークとして利用できるといえます.

● **無線 LAN**

無線 LAN は基本的に図 2.11 に示した「インフラストラクチャ・モード」でシステムが構成され,無線 LAN 親機の AP の電波到達範囲内で接続端末に対してサービスエリア(BSS)を提供します.無線 LAN のサービス提供範囲は 100 m 程度と比較的狭いため,狭い範囲でしかサービスを提供することができません.そのため当初の無線 LAN の利用形態は,家や店舗といった限られたスペース(ホットスポットと呼ばれます)のみで利用されていました.一般の利用者は「ノート PC やタブレット PC などをカフェなどのホットスポットに持ち込み,インターネットに接続して利用し,終了したら移動する」という形態で利用していました.これはノマディック(遊牧民的)ネットワーキングと呼ばれています.

その後,1 つの AP では提供できないほどの広範囲なエリア

---

[2] エリア人口とは,約 500 メートル四方メッシュベースの平成 22 年国勢調査人口を基礎とし,携帯電話事業者 4 社のいずれかのサービスエリアがメッシュの面積の半分以上を占めるメッシュの人口の合計.

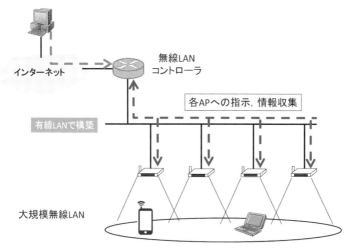

図 4.3　無線 LAN（無線 LAN コントローラによる管理）

（例：大学，工場など）で無線 LAN を面的に提供するために，大規模無線 LAN ネットワークを構築することが増えています．この場合，複数の AP を有線ネットワークで接続し，多数の AP を一元管理する無線 LAN コントローラを新たに導入する必要があります．この無線 LAN コントローラと AP 間の通信のために LWAPP（LightWeight Access Point Protocol）というプロトコルを用い，「認証やセキュリティ」などの機能を無線 LAN コントローラで一元管理できるため，各 AP は無線データ通信のみに専念することができます（**図 4.3**）．

　無線 LAN では，端末が異なる AP 間を移動しながら通信を継続する機能を「ローミング」と呼びます．これは，移動によって現在の AP との接続が維持できなくなった時点で，新しい AP をスキャンによって探し，発見した移動先の AP と再接続することで実現されています．

図 4.4　FON ルータ：Fonera mini
出典　http://fon.ne.jp

　なお，このローミング処理も携帯電話におけるハンドオーバ処理と同様に，レイヤ 2（データリンク層）で用いられる識別子（MACアドレス）を用いて実現されるため，インターネット上の識別子である IP アドレスはローミングによって変更されません．そのため，インターネットのアプリケーションを移動しながら継続して利用することができます．

　しかし，無線 LAN の提供範囲は携帯電話ほど大きくないため，利用可能な場所は限定されます．一方で無線 LAN のデータ通信速度は Gb/s オーダと大きいため，携帯電話事業者は携帯電話によるモバイルデータトラヒックのオフローディング先として無線 LAN に着目し，都市部を中心に大量の無線 LAN を設置しています．

　この無線 LAN の利用可能範囲を広げる特筆すべき取り組み事例として，FON を紹介します（図 4.4）．FON 社は 2005 年にスペインで設立されたベンチャー企業です．この FON は様々な利用条件を設定できるが，基本的には自身が購入した FON 専用ルータを他の FON メンバに AP として共有する代わりに，世界中の他のメンバが提供する FON の AP を無料で利用することができるというものです．現在では世界 150 カ国，2000 万台以上の WiFi ネットワークが参加する世界最大の WiFi コミュニティにまで成長し，前述の

携帯電話事業者もモバイルデータトラヒックのオフローディング先として注目し，業務提携によって無線 LAN エリアの拡大を図っています．しかし，FON ルータへのハンドオーバ時には，インターネットへの接続ネットワークが FON ユーザの契約ネットワークに応じて動的に変更されるため，IP アドレスが変更されます．この点が携帯電話におけるハンドオーバや無線 LAN におけるローミングとは異なります．

● **WiMAX（802.16e）**

2.4 節で説明した 802.16e は，携帯電話ネットワークと同様に基地局が提供する正六角形のセルを繰り返し配置するセルラー方式を採用しています．ただし，基地局が提供するセルの大きさは半径 1 km 程度と比較的小さなエリアとなります．802.16e 規格では特に，通信しながら移動する際に，接続する基地局を連続的に切り替えて通信を継続するハンドオーバ機能を含むモビリティ機能を提案しており，時速 120 km/h までの移動環境に対応可能な規格として提案されています．

802.16e ではオプションを含めて 4 種類のハンドオーバ方式が提案されています．

(1) Break-Before-Make HO（HandOver）：現在の基地局との通信を切断した後，移動先の基地局とのハンドオーバを開始．
(2) Make-Before-Break HO（HandOver）：現在の基地局との通信を切断する前に，移動先の基地局との通信を開始．
(3) Fast-BS-Switch HO（HandOver）：リンク品質を向上させるために基地局の切り替えを高速化したハンドオーバ．
(4) Macro Diversity HandOver（オプション）：下り通信では，2 つ以上の基地局から同時にデータが 1 台の端末向けに送信．上

り通信では 1 台の端末が複数の基地局に対して同時にデータを送信.

WiMAX は現在, UQ コミュニケーションズ社によって UQ WiMAX サービスとして提供されています. UQ WiMAX では, 当初利用していた 30 MHz の幅の周波数帯域に加えて, 2013 年 7 月から追加で 20 MHz の幅の周波数帯域を利用可能となりました. その結果, 2013 年 10 月から連続 50 MHz の周波数を用いた「WiMAX 2+」サービスが順次開始されており, 最高通信速度 220 Mb/s を利用可能となっています.

この UQ WiMAX の人口カバー率は 2012 年 6 月時点で 90% 以上と, 携帯電話とほぼ遜色ないエリアでサービスを提供しています. また, 端末の移動によって基地局間のハンドオーバが発生する状況を考慮すると, WiMAX は携帯電話とは異なり, オール IP ネットワークで構成されるため, 端末に (主にグローバル) IP アドレスが付与されます. そのため, WiMAX ではハンドオーバによって IP アドレスが変更しないように, 携帯電話と同様の工夫を試みているものの, 全ての移動のパターンには対応できません. つまり, 移動によって切り替える基地局の管理体制によっては, 異なるネットワークに接続する無線 LAN の AP 間でのハンドオーバと同様に, IP アドレスの変更を避けることはできません.

複数種類の異なる無線ネットワークシステムは, 互いに「基地局が提供するサービスエリアの大きさ」および「通信速度」が大きく異なります. その結果, 2 章で説明した (1) 携帯電話ネットワーク (5G LTE /4G LTE / LTE 等), (2) WiMAX, および (3) 無線 LAN のうち, 同時に利用可能なネットワークの種類が空間的な位置に応じて変化するため, ヘテロジニアスネットワーク (HetNet) と呼

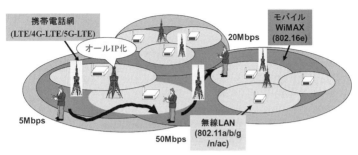

図 4.5　ヘテロジニアスネットワーク（5G）の概念

ばれています．

図 4.5 にヘテロジニアスネットワークの概念を示します．広義の第 5 世代の無線ネットワークシステム（5G）では，これらのヘテロジニアスネットワークを相互補完的に組み合わせて利用することで，更なる (1) 高速化，(2) 大容量化，(3) 低遅延化，(4) 膨大な数の端末の収容の実現を目指しています．

このヘテロジニアスネットワークを利用するユーザの視点から見れば，同じ場所において複数種類のネットワークを利用可能な状況になっています．また，移動によって利用可能なネットワークの組み合わせ（種類）が変化するため，自身の通信に必要となる通信条件も考慮した上で，適切な無線通信ネットワークを選択することが可能となります．

4.2　ユーザ移動がインターネット通信に与える影響

現在のインターネットに接続されている全ての計算機は，ネットワークを介した通信を実現するために，TCP / IP ネットワークアーキテクチャに基づいて構成されています．当初は主に国際標準化機構 ISO（International Standardization Organization）が主導

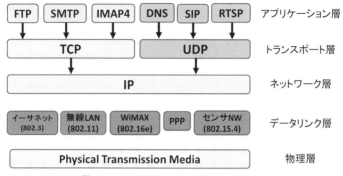

図 4.6　TCP/IP ネットワークアーキテクチャ

する形で OSI 参照モデルが提案されました．この中では①ネットワーク通信に必要な機能の階層化，②階層の機能を実現するプロトコル，③階層間のインターフェースが提案され，基本モデルとして参照されましたが，普及には至りませんでした．これに対して，大学や研究機関を中心としたグループは，具体的な通信プロトコルを考案し，複数のプロトコルの集合体として TCP / IP プロトコルスイートを提案しましたが，上位層（後述するインターネット層より上）のプロトコルについては明確なサービスを定義していたものの，下位層（後述するデータリンク層より下）については明確に定義していませんでした．しかし，1.3 節で述べた有線 LAN（Local Area Network）の開発と統合することで，上位層から下位層まで全てを含む TCP / IP 参照モデルが UNIX[3] に実装され，大学や研究機関を中心に広く普及したため，現在まで利用され続けています．**図 4.6** に TCP / IP 参照モデルに基づくネットワークアーキテク

---

[3] 計算機のオペレーティング・システム (OS) の一種．UNIX を参考に Linux などの様々な OS が開発され，現在では Android などのスマートフォンの OS としても利用されている．

ャ（TCP / IP ネットワークアーキテクチャ）を示します．

TCP / IP ネットワークアーキテクチャは以下の 5 つの階層（レイヤ）によって構成されています．

(1) アプリケーション層：アプリケーションソフトウェア，あるいはユーザによって共通的に用いられるプロトコルを規定しています．例えば，電子メールや Facebook，YouTube といったアプリケーションを提供するために，交換するメッセージのフォーマットの共通化や順番といった手続きを規定しています．

(2) トランスポート層：送信／受信端末間の通信路を確保します．トランスポートプロトコルとしては TCP（Transmission Control Protocol）と UDP（User Datagram Protocol）の 2 種類が利用されており，TCP は送信／受信端末間で誤りのないコネクション型のサービスを提供します．そのために，ネットワーク内での送信量を調整するためのフロー制御や順序制御，（ロスしたパケットの）再送制御を行います．一方で UDP はコネクションレス型の通信を提供しており，アプリケーションの要求する速度でデータ転送を提供することが第一優先で，パケットロスなどの誤りによって大きな影響を受けにくい通信，例えば動画などのリアルタイム通信に用いられています．

(3) ネットワーク層：ネットワーク層は通信単位となるパケットを送信端末から受信端末まで運び（転送）ます．具体的には，「どの経路を通って相手先まで運ぶかを決定する」役割を担います．コネクションレス型のサービスを提供するため，パケット単位で経路を決定しますが，このための制御をルーティング制御と呼びます．この結果，以下が挙げられます．

- パケット毎に経路が異なる可能性が生じます．

- パケットの到着順序が入れ替わることもあり得ますが，パケットの順序転送は行いません（トランスポート層に任せます）．
- パケットはルータなどで廃棄される可能性があるため，受信端末に必ず到着することは保証できません（トランスポート層の再送制御で保証します）．そのため，ベストエフォートサービスといわれています．

(4) データリンク層：直接接続されている計算機間（1ホップ通信）でのパケット（フレーム）の送受信を管理します．信頼性ある通信を実現するために，フロー制御や順序制御，再送制御などを行います．つまり，End-to-End 通信におけるトランスポート層と同様の制御を1ホップ通信のデータリンク層でも実施します．なお，単一の回線を複数の端末で共有するための競合回避機能を実現するメディアアクセス制御なども行います．

(5) 物理層：物理的な通信回線を用いて情報（ビット列）を送受信する役割を担います．そのために「どれだけ速く」，「どれだけ正しく」ビットを電気や電波などの信号を変化させて伝達できるか，についての規則を規定しています．

"移動しながらの通信" を想定する場合，基地局や AP 間の切り替えは避けることができません．そこで，移動中の通信継続の実現には基地局や AP の切り替えを考慮した "パケットのルーティング（経路）制御" が必要になります．そこでまず，TCP/IP ネットワークアーキテクチャにおいてパケットのルーティング制御がどのように実現されているかに着目し，移動時の問題点について明らかにします．

インターネットでは，多種多様な異なるネットワークを接続し，通信を提供するため，通信のエンドポイントの「計算機」やネット

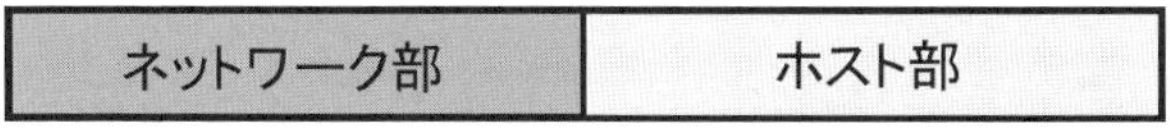

| ネットワーク部 | ホスト部 |

図 4.7 IP アドレスの構成（ネットワーク部とホスト部）

ワーク内でパケットを中継する「ルータ」において，ネットワーク層の共通の識別子として IP（Internet Protocol）アドレスを用います．この IP アドレスは，①自身の端末識別子だけでなく，②ネットワーク内の位置を表す「ロケータ」としても用いられます．

この 2 つの目的を満たすために，IP アドレスは**図 4.7** に示すように「ネットワーク部」と「ホスト部」という 2 つの部分で構成されており，①として「ネットワーク部＋ホスト部」を用い，②として「ネットワーク部」のみを用います．ネットワークの内部に存在するルータは受信した各パケットの「ネットワーク部」と自身が保持する経路表を参照して，次に転送するルータを決定します．これを受信端末に到着するまで繰り返すことでネットワーク層においてホップバイホップルーティング制御を実現しています．

初期のインターネットは，移動しないデスクトップ PC のみが有線 LAN で接続される形態だったため，PC に割り当てられるネットワーク層の識別子である IP アドレスは基本的に固定されており，変更されることはありませんでした．しかし，ノート PC やスマートフォン，タブレット PC といったモバイル端末が登場した現在では，ユーザが通信中に移動することで，異なるネットワークへ移動する状況が頻発することになりました．

移動によって端末が異なるネットワークへ接続されると，IP アドレスの前半部分，ネットワーク部が必然的に変更されるため，IP アドレス自体が変更されてしまいます．つまり，もし端末が物理的に移動しなかったとしても，現在では複数の無線ネットワークを同一の場所で利用することが可能なため（ヘテロジニアスネットワー

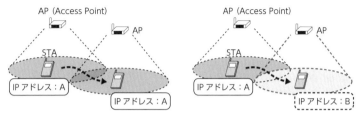

図4.8 ハンドオーバの種類

ク環境），接続先のネットワークの切り替えによって，IPアドレスが変更されることになります．このように，たとえ物理的に移動しなくても，IPアドレスが変更されれば，ネットワーク的には移動したと判断されてしまいます．

そこで，携帯電話やWiMAXでの基地局間のハンドオーバや，大規模無線LANでのローミングでは，IPアドレスを変更しないようにするための工夫をレイヤ2（データリンク層）で行っています．これにより，レイヤ3（ネットワーク層）以上に対して，ネットワークの移動を隠蔽する制御を行っています．このハンドオーバを一般的に「イントラドメイン-ハンドオーバ」と呼びます．しかし，ヘテロジニアスネットワーク環境では，ハンドオーバによりネットワークの種類が変更される，もしくは同種類のネットワークでも，インターネットへの接続ネットワーク（プロバイダ）が変更される可能性があります．この場合，レイヤ2での工夫では解決できず，IPアドレスが変更されてしまいます．このIPアドレスが変更されるハンドオーバを「インタードメイン-ハンドオーバ」と呼びます．この2種類のハンドオーバを図4.8に示します．

また，ハンドオーバによって切り替わる「ネットワークの種類」を基準にした分類方法も広く知られています．具体的には，同種の

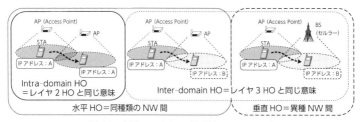

図 4.9 水平ハンドオーバと垂直ハンドオーバ

ネットワーク間のハンドオーバを「水平ハンドオーバ」,異種のネットワーク間のハンドオーバを「垂直ハンドオーバ」と呼びます.そのため「IPアドレス変更の有無」を基準にした前述の分類法と組み合わせると,垂直ハンドオーバでは必ずIPアドレスが変更されるため,インタードメイン-ハンドオーバと同義といえるものの,水平ハンドオーバの場合,インターネットへのネットワークプロバイダの変更の有無によってイントラドメインとインタードメインの両方のハンドオーバが考えられます.この違いを**図 4.9**に示します.

前述した「インタードメイン-ハンドオーバ」では,ハンドオーバによってIPアドレスが変更されるため,インターネット上で通信を継続する上で,大きな問題が生じる可能性があります.具体的には,図 4.6に示したように,インターネット上の通信では必ずIPプロトコルが用いられ,通信の途中においてIPアドレスが変更される状況は想定されていませんでした.

IPアドレスが変更されると,以下の2つの問題が発生します.

(1) 通信中の計算機間では,「通信の切断」が発生する.
- IPを用いた通信では,通信の管理にエンド端末間のIPアドレスを用いています.例えば,トランスポートプロトコルのTCPやUDPは,送信元と送信先のIPアドレスによって計算

機を識別し，ポート番号[4]を用いてアプリケーションを識別しています．そのため，移動によってIPアドレスが変更されると，別の通信と判断されるため，通信が切断されます．つまり，移動の度に通信がリセットされてしまいます．

- 変更後のIPアドレスを用いて通信を再度開始することはできますが，IPアドレスが変更されると新しい（別の）通信と見なされるため，例えばファイル転送だと切断時点までに受信していた箇所からの通信の再開や，映画などのストリーミングにおける再視聴といった「リジューム機能」を実現できず，再度最初から通信を行う必要があります．

(2) 通信を開始する端末が「通信相手の計算機を特定できない」．

- 前述したようにIPアドレスはインターネット上で端末を一意に識別するための識別子（ID）としての機能を持っています．そのため，IPを用いた通信では，通信開始前に通信相手のIPアドレスを取得する必要があります．インターネットでは一般的に，FQDN[5]で表示された名前を用いてDNS（ドメインネームシステム）に問い合わせることでIPアドレスを取得することができます．

- しかし，移動により計算機のIPアドレスが刻々と変化すると，通信相手側からは通信開始が非常に困難となります．例えば，皆さんが携帯電話を利用する際に，通信相手の電話番号が移動に応じて頻繁に変わってしまったら，現在（最新）の電話番号をどのようにして手に入れることができるでしょうか．大きな

---

[4] ポート番号とは，「アプリケーション」毎に割り当てられている番号を指す．例えば，HTTP（WWW：ウェブ）通信には80番ポートが割り当てられている．

[5] Fully Qualified Domain Name の略．ホスト名＋ドメイン名を表す．例えば，九州工業大学のウェブサーバのFQDNはwww.kyutech.ac.jpとなる．

問題が生じることを想像できると思います.つまり,IP アドレスが頻繁に変わるような環境では,「通信相手が今どのネットワークに接続しているか」を予測する必要があり,なかなか実現が難しいことが予想されます.

4.3 移動支援技術(プロトコル)とは?

本節では,前節までに説明した移動による IP アドレスの変化が発生するような環境において,通信を継続するための技術(移動支援技術)について説明します.まず,移動支援技術によって得られる 2 つの効果を見てみましょう.

● 無線アクセス技術に依存しない移動の実現

従来の携帯電話システムでは移動支援機能が無線アクセスネットワークの物理層やデータリンク層に最初から組み込まれています.そのため,1 つの無線アクセスネットワークが提供するネットワーク範囲内で計算機が移動する場合は,データリンク層および物理層での工夫によって,基地局間のハンドオーバ時の移動支援を実現することが可能となります(ローミング).しかし,単一の無線アクセスネットワークでしか実現できないという制約が残ることになります.

これまで説明してきたように,近年では無線 LAN や WiMAX といった高速かつ安価な無線アクセスネットワークをスマートフォンによって手軽に利用可能となったため,「ユーザの状況や嗜好に応じて,適宜ネットワークを切り替えながら通信を継続する」というモバイルインターネットに対する要求が高まっています.しかし,従来のインターネット通信をそのまま利用した場合,移動の度にIP アドレスが変更され,通信が切断されるため,これらの無線ネ

ットワークを有効利用できません.

そこで,ネットワーク層以上で移動を支援することで,単一の無線アクセス技術だけでなく,複数の無線アクセス技術,さらには今後登場する新しい無線アクセス技術との統合が容易に実現できることになります.

● **資源共有による低コスト化とプラットフォーム化**

IP プロトコルに基づく移動支援を実現することで,多種多様なネットワーク資源を共有することが可能となります.これにより,導入コストだけでなく,運用コストも低く抑えることができます.また,インターネット上のサービスを利用できるため,通信コストも安く抑えることが可能となります.さらに,インターネットとの接続は,インターネットと親和性の高いモバイルネットワークを構築できるため,規模性やグローバル性の点から見ても費用対効果が高いといえます.

近年,急速に開発が進んでいる LTE などの携帯電話においては,オール IP 化が進められており,WiMAX は IP 通信を前提として標準化が行われています.これに加えて,PAN の規格の ZigBee なども IP 化を前提とした標準化が行われています.このように全ての通信規格に関して IP 化が進めば,将来のネットワークにおいても,端末の移動によって必然的に IP アドレスが変化するため,ネットワーク層以上での移動支援技術が必要になることは間違いないと考えられます.

● **移動支援プロトコルとは？**

端末が移動することによる「端末識別子 IP アドレスの変化」といった問題点を解決するために,これまでに様々な層(レイヤ)で移動支援プロトコルが開発されています.そこで,各レイヤで用い

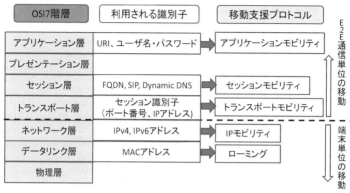

図 4.10 レイヤと利用識別子および移動支援プロトコルの関係

られている計算機の識別子と移動支援プロトコルの関係性について，**図 4.10** にまとめます．

図に示すように，移動支援プロトコルは，

(1) 端末単位の移動支援．
(2) エンドツーエンド（E2E）通信[6]単位の移動支援．

を実現する2種類に分類されます．「端末単位の移動支援」においては，移動端末が行う全ての通信に対して，移動支援を行うことができます．一方で，「エンドツーエンド通信単位での移動支援」の場合，ある特定のエンドツーエンド通信に対して，移動支援を提供します．つまり，ネットワーク層以下で移動支援を行う場合，必然的に端末単位での移動支援となり，トランスポート層以上ではエンドツーエンド通信（トランスポートフローともいう）単位での移動支援を実現できます．

---

[6] トランスポート層以上で提供されるエンドツーエンド通信を単位とした移動支援を指す．

各レイヤで提案されている移動支援プロトコルの特徴は，図 4.10 に示した内容および以下が挙げられます．

(1) データリンク層での移動支援プロトコル：同一の無線通信ネットワーク内での移動支援を指します．具体的には携帯電話システムや無線 LAN において，接続する基地局や AP（Access Point）を切り替えた際に，端末が行う全通信を継続できる，いわゆるローミング機能を指します．

(2) ネットワーク層での移動支援プロトコル：移動に伴うネットワークアドレス部の変化を通信相手に対して隠蔽し，「IP アドレスが変化していない」，すなわち「移動していない」と誤認識させます．これにより，移動端末が行う全通信を継続することができます．これを IP モビリティと呼びます．このように，ネットワーク層以下で実現された移動支援技術によって，端末単位での移動支援を実現します．

(3) トランスポート層での移動支援プロトコル：トランスポートプロトコルはアプリケーションの要求に応じて，エンドツーエンド端末間でコネクションを確立した後に通信を開始します．このエンドツーエンド通信単位での移動を支援するプロトコルは，トランスポートモビリティと呼ばれます．

(4) セッション層での移動支援プロトコル：アプリケーション通信の開始と終了はセッション管理によって実現されます．そこで，このアプリケーションの通信開始時に必要となるダイナミック DNS[7] や SIP[8] サーバなどの機器に移動支援のための機能を導入するプロトコルが提案されています．この移動支援プロ

---

[7] Domain Name System．ホスト名-IP アドレス間の変換を行う．

[8] Session Initiation Protocol．インターネット電話で用いられる．

トコルは，セッションモビリティと呼ばれます．
(5) アプリケーション層での移動支援プロトコル：ユーザ（端末）が移動する毎に，ユーザ名とパスワードを入力してサービスにログインすることで，場所に関係なく同一のサービスを利用できます．このように，場所に依存することなく利用できるサービスはアプリケーション層での移動支援と捉えることができますが，通信中の移動にリアルタイムに対応して通信を継続することは困難といえます．この移動支援プロトコルは，アプリケーションモビリティと呼ばれます．

次節以降では，異なる無線ネットワークシステム間の通信中のハンドオーバを実現可能な，ネットワーク層，トランスポート層，セッション層で提案されている移動支援プロトコルの動作概要について説明します．その後，それぞれ特徴を 4.7 節でまとめた上で比較します．

4.4 IP モビリティ（ネットワーク層）

4.4.1 モバイル IPv4

モバイル IPv4 は 2002 年に RFC3344 として定義されました．端末の移動に伴う IP アドレス，特にネットワーク部の変化を通信相手に対して隠蔽するために，ネットワーク内に以下の 2 種類のネットワーク機器を追加配備しています．

(1) HA（Home Agent）：常に端末が存在する場所を把握（移動管理）し，必要に応じて，移動先の端末に対して転送処理を行います．
(2) FA（Foreign Agent）：移動してきた端末に一時的に利用する IP アドレスとして CoA（Care of Address）を付与します．ま

た，HA から転送されてきたパケットを受けとり，移動端末に対して転送します．

移動端末は，移動先において，2 つの別のアドレスを保持し，元来，IP アドレスが担っていた「端末識別子（ID）」と「ネットワーク識別子（ロケータ）」という 2 つの意味をそれぞれ分離したアドレスとして用います（ID ／ロケータ分離）．

(1) Haddr（Home address）：不変のアドレス：移動端末が移動しても変化しない固定の IPv4 アドレスであり，HA から割り当てられます．この Haddr を端末自身の ID として利用することで，通信相手端末（CN：Corresponding Node）から見ると，常に移動端末を Haddr によって識別可能となります．

(2) CoA（Care of Address）：移動先の IP アドレス：移動先のネットワークに設置された FA から割り当てられる一時的な IP アドレスです．FA が存在しない場合は，DHCP（Dynamic Host Configuration Protocol）により訪問先ネットワークで有効な IPv4 アドレスを取得します．この IP アドレスを端末の位置を示すロケータとして利用することで，パケットの転送経路が決定されます．

以降，移動端末を MN（Mobile Node），通信相手端末を CN（Corresponding Node）と表記して，MN と CN の通信の様子を説明していきます．MN がホームネットワーク内に存在する場合は，Haddr のみを保持し，このアドレスを用いて通信を行います．しかし，その後，MN がホームネットワークから別のネットワークへ移動した場合，MN は FA ／ DHCP から CoA を取得します．その後，MN は取得した CoA を HA に対して通知します（この通知メッセージを BU（Binding Update）メッセージと呼びます）．この

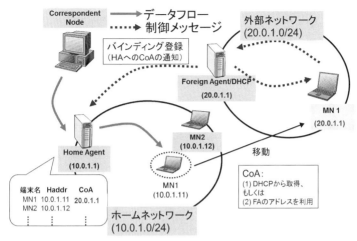

図 4.11 Mobile IPv4 の通信前の準備

BU メッセージには，MN の Haddr と CoA の対応関係が記載されており，図 4.11 に示すように，HA は常に MN の 2 つのアドレス（Haddr と CoA）のマッピングを管理します（Binding Cache）．

この時，CN は MN が移動していることを知らないため，引き続き Haddr 宛てにパケットを送信してしまいます．この Haddr 宛てのパケットが MN のホームネットワークまで到着すると，HA が MN の代理として受信します．その後，HA は Binding Cache を参照し，MN の現在の位置が CoA となることを認識し，受信パケットに新しい IP ヘッダを付加してカプセル化処理を行います．図 4.12 に示すように，この追加する IP ヘッダの宛先に CoA を，送信元には HA の IP アドレスを記載することで，HA と MN の間でトンネル通信を行います．MN がこのパケットを受信すると，トンネル用のヘッダを除去し，もとのパケットを取り出し，アプリケーション層に渡します．このようにアプリケーション層は MN の IP ア

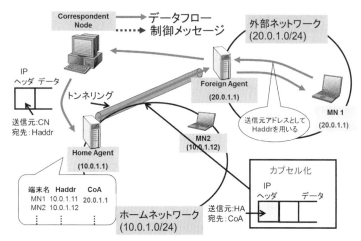

図 4.12 Mobile IPv4 を用いた通信の様子

ドレスの変化を認識しないため，通信を継続できます．

これに対し MN から CN 宛ての通信は，送信元アドレスに所属ネットワークのアドレスとは異なる Haddr を指定してパケットを送信します．この様子を図 4.12 に示しています．

● モバイル IPv4 の技術的な問題点

(1) MN⇒CN 向けのパケットのフィルタリング

現在のインターネットでは，各ネットワーク内に設置されているルータおよびファイヤウォールにおいて，不正なパケットをブロックするイングレスフィルタリングが設定されていることが多いです．前述したように，移動後の MN が CN と通信を行う場合，CoA のネットワークではなく，Haddr を送信元として利用するため，イングレスフィルタリングによって不正パケットと判定され，ブロックされてしまい，通信が切断される問題が発生することになります．

(2) 冗長な経路による通信遅延の増大

モバイル IPv4 では，CN から MN 宛ての通信の場合，必ず HA を経由することになります．例えば MN が海外ネットワークを訪問した場合を考えると，HA と MN 間のトンネリングに伴う通信遅延は極めて大きくなり，通信性能に悪影響を与える可能性があります．また，移動時には IP アドレスの変化を通知する BU 通知が届くまでは，HA が MN 宛ての転送処理を開始できないため，CN からの受信パケットをロスしてしまいます．そのため，BU 通知に時間がかかると，パケットロス数が増加し，通信性能が劣化してしまいます．

(3) HA による単一点障害

モバイル IPv4 では，CN から MN 宛ての全パケットが HA を経由するため，HA に障害が発生した際には，その HA で管理する全 MN の通信が完全に切断されます．つまり，システム全体として耐故障性が低いシステムといえます．

4.4.2 モバイル IPv6

モバイル IPv6 は，モバイル IPv4 を IPv6 ネットワークに対応させた移動支援プロトコルです．そのため，ID とロケータの分離などの IP アドレスの使い方や，HA を経由したトンネリングなどの基本的な考え方はモバイル IPv4 と同様です．ただし，IPv6 の導入によって，モバイル IPv4 の問題点の多くを解決できています．ここでは改善点に着目して説明します．

モバイル IPv6 は RFC3775 で定義されており，主に次の点について改善されています．

(1) CoA の取得方法の簡素化

モバイル IPv6 の Haddr はモバイル IPv4 と同様に，HA から割り

当てられるものの，移動先の CoA については，IPv6 のアドレス自動生成機能や DHCPv6 機能を利用して自動的に取得することが可能となります．その結果，モバイル IPv4 で定義されていた FA は必要なくなります．

(2) 経路最適化と双方向トンネル

モバイル IPv6 では，BU 通知が完了すると，MN と HA 間で双方向に IPv6 トンネルが構築されます．つまり，CN から MN 宛てのパケットはモバイル IPv4 と同様に，HA にてトンネル用の IPv6 ヘッダが付与され，MN に転送されますが，MN から CN 宛てのパケットは，モバイル IPv4 のように CN 宛てに直接転送はせず，双方向トンネルを利用して HA 経由で送信します．

この場合，モバイル IPv6 においても冗長経路の利用による通信遅延の増大を避けることはできませんが，経路最適化機能を利用することで解決することが可能です．経路最適化機能を利用すると，MN は HA に加えて CN に対しても直接 BU 通知を送信できます．これにより CN 側で MN の現在のアドレスが CoA となることを直接把握できます．これは IPv6 の拡張ヘッダとして定義されている経路制御ヘッダを利用して実現しています．この結果，MN と CN 間の送受信パケットは HA を経由せずに最適な経路（最短経路）でルーティングされます．ただし，経路最適化機能を利用するためには，CN 側もモバイル IPv6 に対応し，BU 通知を認識できることが条件となります．

モバイル IPv6 は IPsec の利用が前提となっていますが，第三者が経路最適化機能を悪用して，不正な CoA を記載した BU メッセージを CN に送付した場合，セッション自体をハイジャックすることが可能です．MN 移動時のコネクションハイジャックを防ぐに

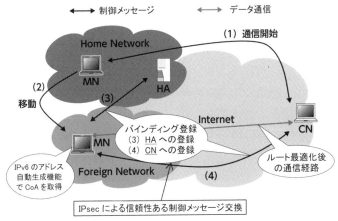

図 4.13　モバイル IPv6 を用いた通信の様子

は，BU メッセージを暗号化する必要がありますが，移動前に事前に信頼関係を構築することは現実的には困難といえます．そこで，モバイル IPv6 では Return Routability と呼ばれる認証手続きが新たに定義されました．これまでに説明したモバイル IPv6 の通信手順を**図 4.13** に示します．

● モバイル IPv6 の技術的な問題点

前述したようにモバイル IPv6 では，モバイル IPv4 で発生した問題点の大半を解決できるように改善されましたが，ハンドオーバ時の通信品質の劣化は依然解決できていません．

ユーザが移動中において，高い通信品質を提供するための手段としては，

(1) ハンドオーバ時の処理遅延自体を短縮する．
(2) ハンドオーバ時に発生するパケットロスを削減する．

という 2 種類が考えられます．

しかしモバイル IPv6 では，この 2 種類の手段を実現することができません．まず(1)については，モバイル IPv6 では各 MN が移動する度に HA および CN に対して BU 通知を行う必要があります．そのため，接続端末が増加すると，HA および CN 向けに送信される BU 通知などの通信制御のための情報（シグナリングトラヒック）が増加し，ハンドオーバ時の処理遅延が増加してしまいます．

（2）については，モバイル IPv6 では MN が自身の移動処理の完了後に HA および CN に対して BU 通知を行うため，ハンドオーバ時のパケットロスの削減には，MN の移動処理の迅速化が必須ですが，モバイル IPv6 ではこの機能を提案していません．

4.4.3 モバイル IPv6 の拡張プロトコル

● 階層化モバイル IPv6

前述のモバイル IPv6 の問題点(1)を解決するために階層化モバイル IPv6 が提案されました．階層化モバイル IPv6 では，ネットワーク内に MAP（Mobility Anchor Point）と呼ばれる機能を持つ機器を階層的に配置します．同一の MAP で管理するネットワークの範囲内で MN が移動する場合，MAP が MN からの BU 通知を HA に代わって受信し，BU Cache を更新します．つまり，HA まで BU 通知を送信しません（HA に対して BU 通知を隠蔽する）．これにより，MN 数の増加に伴って BU 通知数が増加しても，HA に対する BU 通知メッセージ数を削減できるため，パケットロスを低減しつつ，シグナリング処理遅延を低減することができます．この階層化モバイル IPv6 の動作を**図 4.14** に示します．

● ファストモバイル IPv6

一方，前述のモバイル IPv6 の問題点(2)のハンドオーバ時のパケットロスの削減を解決するためにファストモバイル IPv6 が提案

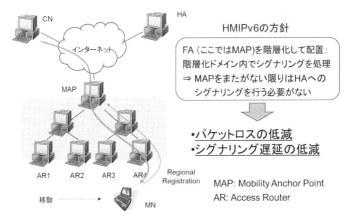

図 4.14 階層化モバイル IPv6 を用いた通信の様子

されました.このファストモバイル IPv6 では,バッファリングとバイキャスティングの 2 種類の手法が考案されています.

バッファリング手法では,旧 AR(Access Router)が何らかの方法で MN の移動を検知した時点で,CN から受け取るパケットのバッファリングを開始します.その後,MN が新 AR から CoA を取得すると,BU 通知を旧 AR 宛てに送信します.旧 AR は BU 通知を受け取ると,ハンドオーバが完了したと判断し,バッファリングしたパケットを CoA 宛てにトンネリング転送します.この BU 通知は CN 宛てにも通知されるため,経路最適化機能により以降の通信は最適な経路で転送されます.

バイキャスティング手法では,CN が MN の移動前に何らかの方法でハンドオーバ処理の開始を検知すると,移動元と移動先の双方の AR 宛てに同一のパケットを送信します(バイキャスティング).その後,MN のハンドオーバ処理が終了し,BU 通知が CN に到着した時点でバイキャスティングを終了します.

どちらの手法も,MN の移動を "事前に検知" する必要があるた

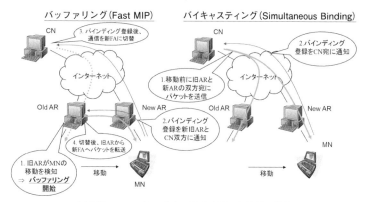

図 4.15 ファストモバイル IPv6 を用いた通信の様子

め,ファストモバイル IPv6 では MN が移動によって新 AR を検知し,CoA を新たに取得すると,実際のハンドオーバ処理を開始する前に旧 AR もしくは CN 宛てに CoA を通知する BU メッセージを送信する必要があります.この通信の様子を**図 4.15** に示します.

ここで説明した階層化モバイル IPv6 とファストモバイル IPv6 は,それぞれ (1) ハンドオーバ時の処理遅延の短縮と (2) ハンドオーバ時のパケットロスの削減,を目的として提案されていますが,「ハンドオーバ時の通信性能の向上」という目的は同じとなるため,組み合わせて同時に用いることで更なる効果が期待できます.

4.4.4 モバイル IPv6 の普及に向けた取り組み

モバイル IPv6 の普及を目的として,これまでに様々な派生プロトコルが提案されています.普及に当たっては「IPv6 の普及の遅れ」や「複数ネットワークの同時利用」,「制御トラヒックの同時発生の回避」などが挙げられ,それぞれを解決するために Dual Stack モバイル IPv6,マルチホームサポート,NEMO といったプ

ロトコルが提案されています．詳細を知りたい人は，章末に推薦図書を挙げているので，調べてみて下さい．

● **Proxy モバイル IPv6**

モバイル IPv6 の普及への最大の障壁は，「全端末のモバイル IPv6 プロトコルへの対応」が必要な点です．つまり，全端末に対して特別なソフトウェアのインストールやオペレーティングシステムのカーネル内へのプロトコルの実装が必要でした．しかし実際にはこの実現は困難なため，モバイル IPv6 未対応の端末がモバイル IPv6 を利用することを目的として Proxy モバイル IPv6 が提案されました．この Proxy モバイル IPv6 は，WiMAX ネットワークにおいて移動支援を提供するプロトコルとして実際に利用されています．その動作を以下に簡単に説明します．

Proxy モバイル IPv6 では，ネットワーク側の機器に移動支援機能を実装し，エンド端末には何も追加しない方法として検討されました．Proxy モバイル IPv6 では，ネットワーク毎に 1 つの LMA（Local Mobility Anchor）と複数の MAG（Mobile Access Gateway）と呼ばれるネットワーク機器を設置します．LMA はモバイル IPv6 における HA と同様の役割を担う一方で，MAG は移動支援機能を有し，MN に代わって（Proxy として）LMA に対して BU 通知を行います．

MAG は新規の MN による接続を検知すると，LMA に Proxy BU メッセージを送信します．このメッセージには MN の識別情報が含まれており，MAG 自身が保持する CoA 情報と対応づけて管理します．その後，MAG は LMA との間にトンネルを確立し，CN から MN の Haddr 宛てのパケットを受信すると，LMA が代理で受信し，MN が接続している MAG に対してトンネルを経由してパケッ

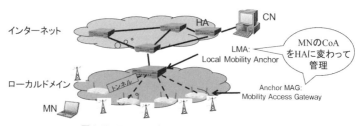

図 4.16 Proxy モバイル IPv6 を用いた通信の様子

トを転送します．その後，LMA からパケットを受信した MAG は，MN に対してパケットを転送します．

MN の移動による MAG の切り替え時には，切替先 MAG から LMA に対して BU 通知を行い，トンネルを再度確立します．この通信の様子を図 4.16 に示します．

4.5 トランスポートモビリティ（トランスポート層）

エンド端末（MN）間で確立するトランスポート層におけるエンドツーエンドコネクションを移動に応じて変更することで，通信を維持（移動支援）する手法です．このトランスポートモビリティを実現する手法は，主に以下の 3 つの手法に分類されます．

(1) コネクション分割型

ネットワーク内に Proxy サーバを配置した上で，CN と MN の間で確立されたコネクションを一旦終端します．その上で，MN の移動に応じて，Proxy サーバと MN 間のコネクションを動的に確立します．この Proxy サーバを用いた通信の様子を図 4.17 に示します．しかし，このコネクション分割型の手法ではネットワーク層の移動支援プロトコル（モバイル IP）と同様に，ネットワーク内に新たに機器を設置する必要があるため，モバイル IP と同様に，ハ

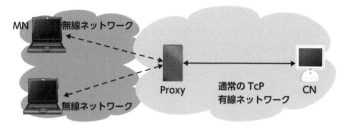

図 4.17 コネクション分割型を用いた通信の様子

ンドオーバ時の通信性能や普及に向けた追加実装の多さなどの問題点が残ることになります.

(2) コネクション維持型

 この手法では，CN と MN の間で確立した TCP コネクションそのものを MN の移動に応じて維持するため，TCP に新たなオプションを追加しています．具体的には，最初の通信確立時に CN と MN 間で「移動時のコネクション維持：Migrate」に関するオプション利用の可否を確認し，利用可能かを事前に確認しておき，その後，MN が実際に移動して接続ネットワークが変化すると，IP アドレスの変更を通知する Migrate オプションを含めたパケットを CN に対して送ります．このパケットを受信することで CN は MN の IP アドレスの変化を把握できるため，以降のパケットは新しい IP アドレス「宛てに送信」，もしくは「から受信」できるため，モバイル IP で問題となった冗長経路問題は発生せず，最適な経路上で通信を行うことができるため，良好な通信性能を提供できます．

(3) マルチホーム対応のトランスポートプロトコル

 昨今，マルチホームの利用をサポートする新たなトランスポートプロトコルが開発されています．例えば，SCTP（Stream Control

Transmission Protocol)はTCP / UDPに続く,第三のトランスポートプロトコルとして2007年にRFC4960として標準化されました.このSCTPでは,マルチホーミング(マルチホームの利用)を標準でサポートしており,信頼性あるTCPコネクションを複数まとめて利用することができます.

このSCTPをモバイル通信用に拡張したプロトコルとして,mobile SCTPが提案されています.このmobile SCTPでは,MNの移動に応じて通信に用いる適切なコネクションを選択するためのオプションを新たに定義しています.

(1) ADDIPメッセージオプション:新たな無線ネットワークを発見した際に送信する.
(2) Set Primaryメッセージオプション:通信に利用するネットワークを指定するために送信する.
(3) DELETEIPメッセージオプション:移動によって利用できなくなったネットワークを指定するために送信する.

図4.18に示すように,これらの3つのメッセージをMNの移動に応じて適宜交換することで,ハンドオーバ中においても通信を継続することを実現しています.

このSCTPを用いる場合,トランスポートプロトコル全体を置き換えることになるため,アプリケーション(プロトコル)との接続方法[9]の変更も必要となります.つまり,SCTPを利用する場合,アプリケーション自体の変更も必要となるため,なかなか普及が進みませんでした.そこで,既存のアプリケーションがそのまま利用できる形でマルチホーミングをサポート可能なトランスポートプロ

---

[9] 従来はソケットを用いてアプリケーション(プロトコル)とトランスポートプロトコルは接続されている.

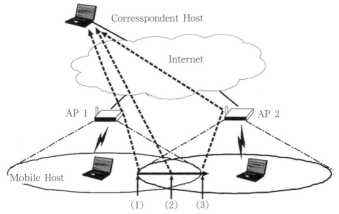

(1) ADDIP メッセージを送信
(2) Set Primary メッセージを送信
(3) DELETEIP メッセージを送信

ハンドオーバ時の通信継続が可能

図 4.18　mobile SCTP を用いたハンドオーバ管理

トコルとして，新たに MPTCP（MultiPath TCP）が提案されました．

この MPTCP は RFC6824 として 2013 年に標準化が完了しており，SCTP と同様に複数の TCP コネクションを同時に扱える上に，既存の TCP との互換性を保証しています．そのため，既存のアプリケーションを変更することなく利用できるため，普及に向けた障壁が低いと考えられます．

4.6　セッションモビリティ（セッション層）

セッションモビリティの技術は，主に SIP モビリティとダイナミック DNS 手法の 2 種類に分類されます．

● **SIP モビリティ**

SIP は VoIP（Voice over IP）などの音声パケット通信サービスの通話制御を行うためのセッション層のプロトコルです．SIP では，ユーザ ID という識別子を用いて，通信相手との VoIP 通信を確立します．この手法では MN の移動に応じて，通信相手と SIP サーバの双方に対して，変更した IP アドレスを通知します．ただし，SIP では通信相手をユーザ ID という不変の識別子で認識するため，移動によって MN の IP アドレスが変更されてもユーザ自体の識別子が変更されることはありません．そのため IP アドレスさえ SIP サーバおよび CN に対して通知できれば，通信自体は継続されることになります．

● **ダイナミック DNS**

ダイナミック DNS を用いる場合，MN が移動によって IP アドレスが変わる度に DNS へ新しい IP アドレスを通知することができるようになります．従来の DNS では，一旦登録された IP アドレスが動的に変更されることは基本的にありませんが，ダイナミック DNS では，登録した IP アドレスを動的に変更することができるため，この機能を MN の移動への支援機能として利用しています．

インターネット上の通信では，CN が MN の名前（FQDN）さえ知っていれば，ダイナミック DNS 上に登録されている IP アドレスを宛先に設定することにより，MN の移動を意識することなく通信を開始できます．しかし，この手法では，通信の途中に MN が移動して IP アドレスが変更された場合には，通信が切断されてしまいます．この場合，再度ダイナミック DNS に問い合わせを行って新しい IP アドレスを取得すれば通信を再開できますが，その遅延時間が大きくなることが予想されるため，通信性能は劣化する可能

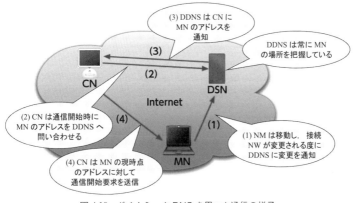

図 4.19 ダイナミック DNS を用いた通信の様子

性があります．このダイナミック DNS を用いた際の通信の様子を図 4.19 に示します．

4.7 移動支援プロトコルの比較と問題点

前節まででは各レイヤ，特にネットワーク層，トランスポート層，セッション層で提案された移動支援プロトコルについて説明してきました．以降では，次に示す複数の観点からこれらのプロトコルを比較していきます．

(1) 要求機能：MN の移動支援を行うために必要となる機能として「ハンドオーバ管理：HandOver Management」，「位置管理：Position Management」，「セキュリティの考慮：Security」，「マルチホームのサポート：Multihoming」の条件を満足することが重要となります．

(2) 普及条件：移動支援プロトコルが普及するためには，「End-to-End コネクションの維持」，「既存アプリケーションの継続利

表 4.1 レイヤ毎の移動支援プロトコルの比較

		ネットワーク層	トランスポート層		セッション層
		MIP(IPv6)	Enhance TCP	mSCTP	SIP/Dynamic DNS
要求機能	ハンドオーバ管理	○	○	○	○
	位置管理	○	×(サーバ連携が必須)	×(サーバ連携)	○
	セキュリティ	○	○	○	○
	マルチホーミング	×(△:マルチホーム)	×	○	○(複数コネクション可)
普及条件	エンドツーエンドの維持	×(特殊ルータが必須)	×(第3者サーバが必須)	○	×(第3者サーバが必須)
	既存アプリ利用	○	○	×	○
通信性能	ハンドオーバ遅延	大	大	大	大
	パケットロス	大	大	大	大(小)
	制御オーバヘッド	大	大	小	大
	スループット	小	小	小	小

用」の条件を満足することが重要となります．

(3) 通信性能：ハンドオーバ時の通信性能を向上するためには，「ハンドオーバ時の遅延：HandOver Latency」,「ロス：Packet loss」,「制御オーバヘッド：Signaling overhead」,「スループット：Throughput」の指標に着目する必要があります．

表 4.1 に比較を示します．この表より，全ての移動支援プロトコルによって，ハンドオーバ管理，つまりハンドオーバ時の通信継続は実現できていることがわかります．

一方で普及という観点からみると，

(1) ネットワーク層（MIP(IPv6))：ネットワーク内に新たな機器

を追加配置する必要がある．加えて，異なる管理下のネットワーク（プロバイダ）間のハンドオーバ時には通信を継続することができない．
(2) トランスポート層（Enhance TCP, mSCTP）：エンド端末のみの変更で移動支援を実現できるものの，全てのエンド端末の置き換えが必要になる．特に現在稼働中のサーバの置き換えは現実的には難しい状況である．
(3) セッション層（SIP/Dynamic DNS）：サービス毎に移動支援を行う必要があるため，適用範囲が制限される．また，通信中の移動支援を実現できない．

という問題点があり，どれも利用者の皆さんが利用するという状況まで広くは普及していません．

最後に通信性能に関しては，どのレイヤにおいても性能に問題があることがわかります．レイヤ2（データリンク層）における移動支援プロトコル「ローミング」では，受信電波強度（RSSI）などの無線の通信品質を直接的に示す指標を利用してハンドオーバを決定するため，通信性能を向上できる可能性があります．

これに対して，ネットワーク層以上の移動支援プロトコルは，ネットワークの「種類によらないモビリティ」を提供するために，無線ネットワークから直接的に得られる情報は利用せずに，独自の指標やメッセージによってハンドオーバの実行を判断します．その結果，ハンドオーバ決定の遅れや判断ミスが発生してしまい，通信性能が劣化してしまうことになります．

4.8 ハンドオーバ管理機構

前節で述べたように，ハンドオーバ時の通信性能を向上するため

には，異なる複数のネットワークのリンク品質を表す適切な指標を用いて，ハンドオーバを決定することが重要となります．加えて，ユーザの嗜好などのポリシも考慮した上でのハンドオーバ決定も必要となります．このような背景から，IEEE 802.21 では異種ネットワーク間ハンドオーバのための規則を標準化していますが，具体的にどのようにリンク品質を判断するか，については言及していません．

● ハンドオーバ判断／決定指標

無線リンクの品質指標として現在，最もよく利用されているのは受信電波強度（RSSI）です．しかし，このRSSI は受信端末で観測される電波強度なので，必然的に無線通信経路上で受けるノイズや干渉などの影響を含んだ値となり，正しくハンドオーバを判断／決定できない可能性があります．

そこで筆者らは，実際の通信品質を表す指標として，レイヤ 2 でのフレーム再送回数[10]を用いることを提案しています [21]．これ以外にも，複数個の指標を組み合わせてハンドオーバを判断／決定するアルゴリズムが考案されています．

● ハンドオーバ管理アーキテクチャ／プロトコル

迅速かつ正確なハンドオーバの判断／決定には，無線通信状況を正確に把握できるレイヤ 2 以下の情報が必要となります．しかし一方で，ネットワークの種類に依存しないハンドオーバ（垂直ハンドオーバ）の実現には，レイヤ 3 以上で実装する必要があります．そのため，適切なハンドオーバ管理には「レイヤ間の柔軟な情報交換」が重要となります．

そこで筆者らは，ハンドオーバ管理をトランスポート層に実装

---

[10] 送信フレームがロスした場合，一定回数に到達するまでは再送される．

し，データリンク層から取得した情報（フレーム再送回数）をトランスポート層に通知するクロスレイヤ機構を提案しています．他にも様々なクロスレイヤ機構が提案されていることから，通信性能の向上には必須の機能といえます．

4.9 移動支援プロトコルの普及状況と今後の展望

本章で説明してきた移動支援プロトコルは，徐々に普及し始めています．例えば，モバイル WiMAX サービスの UQ WiMAX においては Proxy モバイル IPv6 が採用され，実際のネットワーク内で利用されています．加えて，新しいトランスポートプロトコルである MPTCP は，Linux や FreeBSD 等のフリーの OS で先行実装されていましたが，2013 年に公表された商用 OS である iOS7 にも実装されました．iPhone ユーザの多くが利用する Siri で MPTCP が利用されています．これによって，3G / 4G / WiFi といった複数ネットワークの同時利用による通信性能と，移動支援（ハンドオーバ）による通信継続性の向上の両方を実現できています．

今後は 1.4 節で述べた IoT が実現されることによって，多種多様な無線通信機器がネットワークに接続されるようになるため，移動支援が必要な新たなアプリケーションが爆発的に増加することが予想されます．皆さんは，この IoT 社会で移動支援プロトコルの重要性を実感することになるでしょうから，本書を通じて，移動支援プロトコルの基本概念を理解してもらえたら幸いです．

文　献
● 参考文献，引用文献
[1] 村田正幸，長谷川剛：『コンピュータネットワークの構成学』，共立出版 (2011)．

[2] 湧川隆次 著，村井純 監修：『モバイル IP 教科書』，インプレス R&D (2009).

[3] Cisco Visual Networking Index: 全世界のモバイルデータトラフィックの予測，2015〜2020 年アップデート：
http://www.cisco.com/web/JP/solution/isp/ipngn/literature/white_paper_c11-520862.html

[4] 水野忠則，内藤克浩 監修：『モバイルネットワーク』，共立出版 (2016).

[5] I. Al-Surmi, M. Othman, and B.M. Ali: "Mobility Management for IP-based Next Generation Mobile Networks: Review, challenge and perspective", *Journal of Network and Computer Applications*, 35 (1) 295-315 (2012).

● さらに勉強したい人への推薦図書

【モバイル IPv4】

[6] C. Perkins (Ed.): "IP Mobility Support for IPv4", *RFC*, 3344 (2002).

【モバイル IPv6】

[7] D. Johnson, C. Perkins, and J. Arkko: "Mobility Support in IPv6", *RFC*, 3775 (2004).

【階層化モバイル IP】

[8] H. Soliman, *et al*.: "Hierarchical Mobile IPv6 (HMIPv6) Mobility Management", *RFC*, 5380 (2008).

【ファストモバイル IP】

[9] R. Koodli (Ed.): "Fast Handovers for Mobile IPv6", *RFC*, 4068

【デュアルスタックモバイル IPv6】

[10] H. Soliman (Ed.): "Mobile IPv6 Support for Dual Stack Hosts and Routers", *RFC*, 5555 (2009).

【マルチホームサポートモバイル IPv6】

[11] N. Montavont, *et al*.: "Analysis of Multihoming in Mobile IPv6. draft-

montavont-mobileip-multihoming-pb-statement-05.txt'', *Internet-draft* (2005).

【ネットワークモビリティ：NEMO】

[12] V. Devarapalli, *et al*.: "Network Mobility (NEMO) Basic Support Protocol", *RFC*, 3963, (2005).

【Proxy モバイル IP】

[13] S. Gundavelli, *et al*.: "Proxy Mobile IPv6", *RFC*, 5213 (2008).

【コネクション分割型】

[14] A. Bakre and B.R. Badrinath: "I-TCP: Indirect TCP for Mobile Hosts," In *Proc. of International Conference on Distributed Computing Systems* (1995).

【コネクション維持型】

[15] A.C. Snoeren and H. Balakrishnan: "An End-to-End Approach to Host Mobility", In *Proc. of IEEE/ACM MobiCom* 2000, 155-166 (2000).

【mSCTP】

[16] M. Riegel and M. Tuexen: "Mobile SCTP", *IETF draft* (2007).

【MPTCP】

[17] https://tools.ietf.org/html/rfc6824

【DDNS】

[18] R. Atkinson, S. Bhatti, and S. Hailes: "Mobility through Naming: Impact on DNS", In *Proc. of MobiArch* (2008).

【SIP】

[19] J. Rosenberg, *et al*.: "SIP: Session Initiation Protocol", *RFC*, 3261, (2002).

【IEEE802.21】

[20] T. Melia (Ed.): "IEEE 802.21 Mobility Services Framework Design (MSFD)", *RFC*, 5677, (2009).

【提案手法】

[21] S. Kashihara, K. Tsukamoto, and Y. Oie: "Service Oriented Mobility Management Architecture for Seamless Handover in Ubiquitous Networks," *IEEE Wireless Communications Magazine*, 14 (2), 28-34 (2007).

⑤ 無線マルチホップネットワーク

 前章までは，ユーザが利用する無線通信端末が，「直接」接続可能な無線ネットワークである携帯電話ネットワークや無線LAN，WiMAXをどのように利用することでユーザの移動を支援できるか，という点に着目してきました．

 一方で，ユーザの移動を支援するという点について考えると，これらの無線ネットワークの基地局からの電波が届かないエリアにおいても，ユーザの移動を支援したいという要求が高まってきました．この実現方法の1つとして，複数の無線端末や基地局同士が無線通信によって相互接続されて，無線によるマルチホップ通信を行う方法が考案されました．

 無線通信端末が自由自在に他の端末と通信できるようになれば，基地局からの1ホップの無線通信では実現できなかった様々なサービスが実現できるようになると考えられます．ただし，それぞれのサービスに対する通信要求は，利用環境に応じて多種多様なため，通信要求や利用環境に対応する様々な無線マルチホップネットワー

クの研究開発が行われています．そこで，まずは主要な無線マルチホップネットワークの例を挙げて，それぞれの特徴を説明していきます．

5.1 モバイルアドホックネットワーク（MANET：Mobile Ad-hoc NETwork）

アドホックネットワークの研究は，米国の ARPA からのサポートにより軍事利用を目的として開始されたのが起源となります．軍事環境を想定すると，自国の通信インフラがないという制約下での部隊内，部隊間での通信が必要となります．また，もし通信インフラが存在する環境において，基地局を介する通信に依存すると，基地局が攻撃され，利用不可能となった際にはネットワーク全体が機能不全に陥ることになります．

このように，ネットワークインフラが存在しない環境において，携帯電話や車両などの移動可能なモバイル無線端末が，自律的に互いを接続して構築するネットワークのことをモバイルアドホックネットワーク（MANET）と呼びます（**図 5.1**）．このモバイルアドホックネットワークを用いると，インフラに依存せずにネットワークを構築でき，ネットワーク内にインターネットに接続する基地局と接続可能な端末が存在すると，その端末を介する形でインターネットに接続することもできます．つまり，無線マルチホップによって，より遠くに位置するユーザに対しても，移動時における継続的な通信を支援することができます．

また，コスト的・地理的に通信インフラを敷設することが困難な災害地や山間地，僻地においても，警察や消防などによる捜索や救助作業，住民への避難指示，および被災者同士の安全確認といった情報伝達にネットワークが必要となります．最近では，小型無人飛

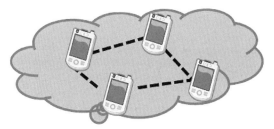

図5.1　モバイルアドホックネットワークの概念

行体のドローンも無線通信機器として利用できるため，これを用いてモバイルアドホックネットワークを構築することで，人が立ち入ることができないような過酷な環境でも情報伝達が可能となります．

しかし，端末は自律的に移動するため，全端末が互いに通信することがトポロジ構築に必要不可欠となる状況は避け，一部のノードのみでの情報交換によって効率的にトポロジを構築することが求められます．またアドホックネットワークでは，通信リンクの切断や生成が頻繁に発生することが予想されます．そのため，従来のインターネットに代表される有線ネットワークとは異なり，ネットワークトポロジの頻繁な変化に適応的に対応可能な新たなルーティングプロトコルの提案が必要不可欠となります．

加えて，通信遅延が小さい最短経路のみを常に使用する従来のルーティングプロトコルを用いる場合，経路上の端末のみ電力消費が増大し，バッテリが枯渇した結果，通信に利用できなくなってしまいます．そのため，ネットワーク全体の通信継続時間を延ばすためには，消費電力を考慮したルーティングが必要となります．当初はMANETを対象とし，以降はそれに端を発し，各用途に合わせて開発された各種ネットワークを対象に拡張されたルーティングプロトコルについて5.6節で簡単に説明します．次節からは，通信要求や利用環境が多様な複数のアドホックネットワークの概要つい

て,順に説明していきます.

5.2 無線メッシュネットワーク (WMN:Wireless Mesh Network)

無線メッシュネットワークは,固定された基地局間を無線通信で接続します.これに対し,移動端末は近隣の基地局に接続することで,ネットワークへの接続性を得ることができます.この無線メッシュネットワークは,インターネット接続をある特定のエリアに提供するための通信インフラとしての役割が期待されています.特に図 5.2 に示すように,各基地局の通信可能なエリアが比較的狭い,無線 LAN のようなネットワークを用いて無線メッシュネットワークを構築し,都市レベルの広いエリアを被覆する等の取り組みが世界各国で盛んに行われています.

また,災害時の一時的な通信インフラの提供としても有力なアプリケーションといえます.つまり,無線メッシュネットワークは MANET から一部のノード(基地局)のモビリティを除いたものと見なすことができるため,当初 MANET を目的として提案された

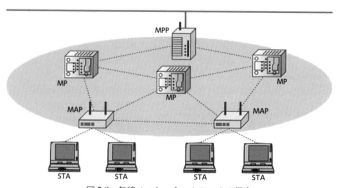

図 5.2 無線メッシュネットワークの概念

ルーティングプロトコルを用いていました．

しかし，基地局が移動しなくても，無線通信品質は周囲の状況に応じて常に変動するため，無線リンクの切断によってネットワークトポロジが変化することが有線ネットワークよりも頻繁に発生します．そのため，リアルタイムに変化する通信品質やトポロジに対して適応的に対処可能なルーティングプロトコルが必要となります（5.6 節で詳細を説明します）．

5.3 無線センサネットワーク （WSN：Wireless Sensor Network）

無線センサネットワークは，計算能力，ストレージ，電力といった様々な能力に制限がある機器にセンサを取り付けて，特定の地理的空間内に分散配置して構築されるネットワークです．各センサ機器は，測定した値をセンサ機器間のマルチホップ通信や他のマルチホップ無線ネットワーク経由で特定の情報収集用の機器（シンクと呼ばれます）に集約することを目的としています．概念を**図 5.3** に示します．

利用例としては，広い空間エリア内の温度や湿度といった情報を

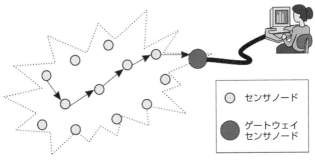

図 5.3　無線センサネットワークの概念

面的に把握する「環境センシング」が代表例として挙げられます．この無線センサネットワークでは，各センサ機器の電力量が小さく，バッテリ駆動で動作するため，長時間のネットワーク稼働時間を実現するためには，MACプロトコルやルーティングプロトコルを含めた通信方式全体においても，消費電力を考慮して設計する必要があるので，これまでに様々な通信プロトコルが考案・提案されています．

5.4 遅延耐性ネットワーク（DTN：Delay Torelant Network）

遅延耐性ネットワークでは，各ノードが移動性を持ち，しかも配置密度も低いため，ノード同士は比較的低い頻度でしか通信可能な範囲内まで近づかないような状況となります．したがって，ネットワーク内のノード同士は常に接続されているわけではなく，接続可能な機会がたまにしかないような可能性もあります．そのため，宛先までの経路がネットワーク上に常時存在せず，パケットを送信するノードが宛先のノードの位置を把握できないことが前提となります．一方で，従来のインターネットでは，常時インターネット上に宛先が存在することが前提であり，通信開始前に相手端末を把握した上で，相手端末の識別子を指定することで通信を開始します．

このようにDTNでは宛先を把握できない上に，常に隣接ノードと通信できるわけではありません．そこで，各ノードは自分のストレージにパケットを保持し，通信可能な範囲内まで近づいたノードと出会った時にパケットを渡します．つまり，宛先までのリアルタイム通信は実現できないため，アプリケーションの要求が「大きなパケット伝送遅延」と「パケット到達確率がある程度低い」ことを許容可能な場合にはDTNを利用することができます．これは実際

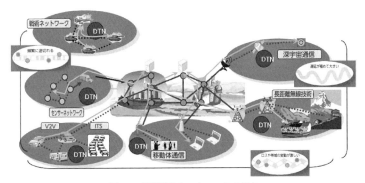

図 5.4 遅延耐性ネットワークの概念

出典 鶴正人ほか:「DTN 技術の現状と展望」, 電子情報通信学会, 通信ソサイエティマガジン (2011).

の世界で行われる, 人間の社会活動におけるコミュニケーションとも類似する特性を備えているため, 周囲の不特定多数の人への情報配信や拡散を目的としたアプリケーションへの利用に適していると考えられています. この DTN の概念を**図 5.4** に示します.

5.5 車両アドホックネットワーク (VANET: Vehicular Ad-hoc NETwork)

自動車や車両によるアドホックネットワークは, ノードとなるモバイル端末が自動車に置き換わった MANET の特殊例といえます. MANET と比較して考えた場合, 異なる特徴としては, (1) ノードの移動性が高く, 高速で移動する一方で, (2) 移動範囲が道路上に限定される, という点が挙げられます. また, 直進中に信号で停止する, 進行方向を変える, など移動パターンも特殊になるといえます. つまり, MANET はノードの移動性や移動パターンなどの利用環境が異なるネットワークとして分類されます. 概念を**図 5.5** に示します.

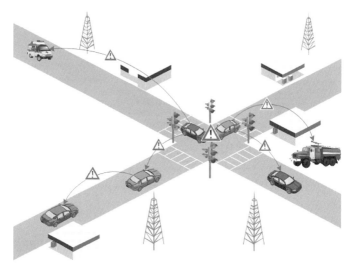

図 5.5 車両アドホックネットワークの概念

ノードの密度という視点から分類すると，都市部などの車両密度が高い場合には，トポロジの変化が激しい MANET と見なすことができます．一方で，郊外や夜間などの車両密度が低い場合には，DTN と見なすことができます．つまり，VANET は状況に応じて異なるネットワークと見なすことができ，適切な通信プロトコルも変化していくと予想されます．

5.6 モバイルアドホックネットワークに適したルーティングプロトコル

ルーティング（経路制御）を実現するためには，一般的に隣接ノードとのメッセージ交換から得られた情報をもとに経路表を作成します．その後，ルータがパケットを受信する度に，パケットの宛先アドレスと経路表をもとに次の転送先（次ホップ）を決定して転

送します．この一連の処理手順を具体的に記述したものをルーティングプロトコルと呼びます．

特に無線マルチホップネットワークとしては，前節までに説明したように，想定環境，通信パターン，通信に求められる品質や特性などが大きく異なる複数のネットワークが考案されているため，それらの要求に適切に対応可能なルーティングプロトコルも異なってきます．

以下では，無線マルチホップネットワークを対象として提案された代表的なルーティングプロトコルを4つに大きく分類して，紹介していきます．

● プロアクティブ型ルーティングプロトコル
（OLSR：Optimized Link State Routing）

プロアクティブ型ルーティングプロトコルは，従来の有線ネットワークを対象としたものと同様に，隣接ノードと定期的に交換した情報をもとに，全ての宛先に対する経路を予め計算した上で，経路表として保持します．そのため，通信要求が発生した後に経路計算のための遅延が発生することはありません．一方で，常に隣接ノード間で定期的に経路情報に関するメッセージを交換する必要があるため，ネットワークへの通信負荷（シグナリングオーバヘッド）が比較的大きくなります．

そこでOLSRでは，ネットワーク上の制御メッセージの交換に起因する負荷を軽減するためのしくみが考案されていますが，無線通信の伝送速度は有線の通信速度に比べて明らかに低いため，制御メッセージが占める負荷が相対的に大きくなり，データ通信性能が劣化する可能性が高くなります．このOLSRは，比較的通信性能が安定している無線メッシュネットワークによく採用されているルーテ

ィングプロトコルといえます.

● **リアクティブ型ルーティングプロトコル**
　（AODV：Ad-hoc On-demand Distance Vector）

　リアクティブ型ルーティングプロトコルは，通信要求が発生した時点から経路発見（探索）を行い，宛先までの経路を構築し，パケットの転送を行います．このため，通信開始前に経路探索に時間を費やすという欠点を避けることができません．一方でプロアクティブ型ルーティングプロトコルとは異なり，常に全ての宛先に対する経路を経路表として管理しないため，通信フロー数が少ない場合には，経路制御にかかるオーバヘッドが比較的小さくなるという利点があります．これに対し，通信フロー数が多い場合には，経路制御にかかるオーバヘッドが大きくなってしまうという問題が顕在化することになります．

● **ジオグラフィックルーティング（GR：Geographic Routing）**

　ジオグラフィックルーティングでは，各ノードがGPSなどにより自分の位置を把握していることを前提とした上で，その位置情報を用いてパケットの転送経路を決めます．したがって，一般に宛先は，ある特定のノードではなく，ある"位置"にいるノードとなり，そのための識別子も固有のアドレスなどではなく，位置座標が宛先を示す識別子となります．そのため，宛先座標に位置するノードまでパケットを運ぶために，現在の位置からできるだけ宛先に近い隣接ノードに繰り返しパケットを中継することが基本動作となります（これを貪欲ルーティングと呼びます）．

　この手法では，各ノードが隣接ノードの位置だけを把握すればよいため，OLSRやAODVなどのルーティングプロトコルとは異なり，経路計算のために必要となるノード間の情報交換に伴う負荷が

非常に小さくなります．そのため，大規模なネットワーク（数百～数千ノード）でも計算量や通信量を少なくでき，スケーラビリティが高い手法といえます．また，事前に把握しておく情報量が少ないため，ノードの移動に伴うトポロジ変化や経路変化にも迅速に対応することができます．

常に宛先の位置に対して最も近い隣接ノードにパケットを配信する貪欲ルーティングを用いる場合，宛先の方向に隣接ノードが存在しないことが考えられ，転送先が見つからない状況となってしまいます．この場合，多少遠回り（迂回）しても，確実に宛先までパケットを配送するための手法として「右手ルール」に基づく面ルーティングという手法が提案されています．そのため，代表的な GR プロトコルとして GPSR（Greedy Perimeter Stateless Routing）では，初期モードとして貪欲ルーティングを用い，パケットの転送先が見つからない状況が発生した際に面ルーティングに移行します．その後，面モードが開始された位置よりも宛先に近づいた時点で，転送先が見つかったと判断し，面モードから貪欲モードに戻ります．

この GR はスケーラビリティが高く，位置情報を考慮したモビリティに強い経路制御といえるため，歩行者の携帯端末によって構築される MANET や車両などによる VANET，および高密度に配置された WSN への応用に適した手法といえます．

● **DTN に適したルーティングプロトコル**

DTN ではノードが移動し，かつ配置密度が低い状態が定常状態といえます．このため，各ノードは送信すべき全てのパケットを記憶しておき，他のノードと通信可能な範囲内に入った時に，互いのパケットを交換することを繰り返し，最終的に宛先までパケットを届けます．一般的な DTN では，ノードの移動パターンが予測でき

ないため，出会った複数のノードのうち，どのノードにパケットのコピーを渡せばいいのかを事前に知ることは難しいです．そこで，出会ったノードに対するコピーパケットの転送を繰り返し，ネットワーク中に存在するパケットのコピーを増やすことで，高い確率で宛先までパケットを届ける方針を取る手法が数多く提案されています．

しかし，この手法では1種類のパケットを何度も送信するため，通信負荷が非常に大きくなります．さらに，ネットワーク内の多数のノードが同一のパケットを保持するため，ストレージの消費が大きく，コストが大きくなります．そこで，できるだけ低コストで，かつ高い確率で宛先へデータを到達させることを目的として，様々なルーティングプロトコルが研究されています．

感染型ルーティング（Epidemic Routing）では，出会った全てのノードにパケットのコピーを必ず渡すため，ネットワーク内の多くのノードが同じパケットを保持することになります．この場合，パケット到達確率は確実に向上しますが，前述したように通信コストとストレージコストが大きくなります．例えば，バッファサイズや通信可能範囲内で送信可能なデータ量や送信パケット数に制限がある場合，宛先へのパケット到達確率の減少や到達遅延の増大が予想されます．

上記の問題点を解決するために，ノード同士が出会った際に隣接ノードに送信する確率を $p(<1)$ で制限する手法が考案されました．これにより，宛先へのパケット到達確率や遅延を多少犠牲にしつつも，ネットワーク負荷を下げることが可能となります．また，パケットが宛先に到着したことを確認できた時点で，ネットワーク上でそのパケットを保持しているノード全てが，バッファからパケットを削除することで，ストレージコストも下げることができます．

一方，別のDTNに適したルーティングプロトコルとして提案さ

れた Spray and Wait 手法では，ネットワークへの負荷低減と宛先への到達確率向上の両方の実現を目指した手法です．この手法では，パケットの送信ノードは，合計 L 個のコピーパケットを出会ったノードに対して送信します．パケットを受信したノードはその後，パケットを保持したまま，他のノードに送信せずに，宛先ノードと出会った時にのみパケットを配送します．このように Spray and Wait 手法は，パケットを周囲のノードに渡す Spray 処理と，保持するパケットを移動によって宛先に出会うことで配送する Wait 処理の2つのフェーズによって構成されます．

この手法では，パケットの転送が最大で L 回しかないため，ネットワークへの負荷は確実に抑えられるものの，宛先ノードまでの到達確率はノードの移動範囲に大きく依存することになります．つまり，ノードの移動範囲が十分に大きい場合には，ノードの移動パターンが多少違っていても，宛先ノードへのパケット到達確率を向上できることが示されています．このように，ノードの移動範囲と Spray 処理には依存関係が存在するため，L 個のパケットの送信（Spray）処理には幾つかの方法が提案されています．例えば，最初に出会った L 個のノードに1つずつ順番に配送する方法や，一気に複数個のパケットを配送することで Spray 処理の高効率化を目指す手法も提案されています．

5.7 コグニティブ無線を適用した VANET

5.5節で説明した車両アドホックネットワーク（VANET）に関しては昨今，ドライバーの安全・安心を支援するための先進運転支援技術や自動走行技術に関する研究開発が各社によって進められています．このように，モバイル端末の1つとして車両が注目されていますが，車両には以下に示すような特徴があります．

(1) 速い速度での移動が可能（高い移動性）．
(2) 各種機器の設置のために大きな空間が利用でき，通信に関する制約が少ない：
- 複数のアンテナを搭載可能．
- 高性能 CPU を搭載できるため，計算能力が高い．
- 豊富なストレージを保有可能．

以上の条件から，車両は今後のモバイル端末としての活発な利活用が予想されるため，ドライバーの安全・安心のための運転支援以外にも，スマートフォンなどと同様にエンターテイメント（Infortainment）アプリケーションを車両が提供するようになることが予想されます．

この場合，現在，車両通信に割当済みの周波数帯の 700 MHz 帯と 5.8 GHz 帯[1]だけでは，周波数が圧倒的に不足することが予想されます．そこで，トヨタ IT 開発センターと電気通信大学および筆者ら九州工業大学の研究チームは，この周波数資源の枯渇問題の解決手段として，3.4 節で説明したコグニティブ無線技術を用いることを提案しています．**図 5.6** に筆者らが提案する概念を示します．

この図に示すように，VANET における通信にコグニティブ無線を利用することで，時間的・空間的に利用されていないホワイトスペースを適宜検出し，切り替えることで通信を継続することができます．つまり，周波数を有効利用することが可能となります．

しかし，コグニティブ無線技術を VANET，特に車車間通信に適用するためには，以下に示す問題点を解決する必要があります．

(1) 利用可能な周波数の動的な変化：
- 各ノードの移動性（モビリティ）が高い上に，移動速度差が存

---

[1] 700 MHz 帯は 715 MHz～725 MHz，5.8 GHz 帯は 5770 MHz～5850 MHz．

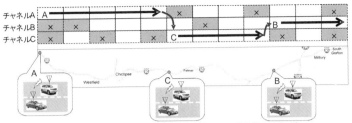

チャネルの使用状況とコグニティブネットワーク技術のイメージ

図 5.6　コグニティブ無線技術を車車間通信に適用する概念

在するため，車間距離が急激に変化する．

- 送信電力と変調方式が同一の場合，高周波数は通信範囲が狭く，低周波数は通信範囲が広くなる．

→ 車間距離の変化に応じて，利用可能な周波数が変化する．

(2) 周波数切り替えに伴う，通信経路と転送可能量の変化：

- 通信に用いる周波数を動的に切り替えることで，到達距離が変化するため，通信経路自体も変化する可能性がある．
- 経路の変化に加えて，各ホップでのデータ転送レートも変化するため，エンドツーエンド間の転送可能データ量についても変化する可能性が高い．

→ 経路変更に伴う「パケットの順序入れ替え（リオーダ）」や「パケットロス」が発生する．

これらの問題を解決するためには，以下の手法を新たに考案する必要があると考えられます．

(1) 安定かつ確実な制御チャネルの確立手法：利用可能な周波数の変化を迅速に検知するためには，VANETの構成ノード間で共通の制御チャネルを確立する必要があります．しかし，複数の車両間で隠れ端末や干渉が発生しない，適切なチャネルの選択

が重要となります．この共通制御チャネルでは，利用可能なチャネルに関する情報だけでなく，ネットワークトポロジに関する情報も交換することが必要不可欠となります．

(2) 新たなルーティングおよびトランスポートプロトコル：前述の問題点(2)でも述べたように，各隣接ノード間で利用する通信チャネルを動的に切り替えることで，通信範囲もデータ通信量も動的に変化するため，通信経路およびエンドツーエンド間のデータ転送量も変化する可能性が高いです．そこで，
・チャネル切替時の通信範囲の変化を考慮した上で，最適な経路を決定するためのルーティングプロトコル．
・チャネル切替時のパケットロスだけでなく，切り替え前後の性能変化の影響を考慮した上で，エンドツーエンド間の最適なデータ転送量を決定するためのトランスポートプロトコル．
の考案が必要となります．

　筆者らの研究グループでは，上記の課題を解決するために，これまでに以下のアプローチを新たに提案しています．

● 2種類の制御チャネルの連携
(1) 空間エリア単位での共通制御チャネル
　各車両は自身の位置情報をもとに，自律的にエリア毎の共通制御チャネル（ZACC）を決定します．このチャネル上で各車両が自身の位置情報をブロードキャストすることで，各車両が隣接車両の位置情報および速度情報を把握できます．各車両はこの情報をもとに，アプリケーション通信に適した車両群を選び，車群を構築します．

(2) 車群内での共通制御チャネル
　アプリケーション通信を行う送受信ノードは，その要求をもと

に，車群内で共通の制御チャネル（SACC）を決定します．その後，このチャネル上で各車両が「利用可能な周波数」に関する情報を定期的にブロードキャストすることで，アプリケーション通信に適した周波数を選択します．

● **コグニティブ無線に適したトランスポートプロトコル**

コグニティブ無線では，アプリケーション通信中にマルチホップ通信に関わる全てのノードにおいて，チャネルの切り替えが発生する可能性があります．そこで，その影響を考慮するために，ネットワーク内のノードが適切に連携して，エンドツーエンドの送信量を決定する，新たなトランスポートプロトコルを提案しています．

● **プロトタイプ実機を用いた実証実験**

筆者らは，上記で考案した手法を実機[2]にプロトタイプ実装した上で，実際の無線通信環境において実証実験を実施しました [5]．実験は宮崎県の美郷町において，自治体の協力を得た上で，2011年から2012年にかけて実施しました．宮崎県ではTV周波数帯の一部が利用されていないためTV周波数帯のホワイトスペースを利用することが可能な状況です．加えて，九州全域で利用可能なホワイトスペースが存在するため，九州総合通信局[3]と協議・調整を重ねて，TVホワイトスペースと九州全域のホワイトスペースの利用免許を取得し，これらの周波数を併用可能な環境を整えました．

その後，これらのホワイトスペースを利用して，2011年度には2台の車両を用いた1ホップ無線通信において，動画の送信実験を行いました．その後，2012年度には3台の車両を用いた2ホップ通信

---

[2] 動的な周波数切替手法の実装は GNU Radio を用いて行い，ハードウェアには USRP2 N210 を利用した．

[3] http://www.soumu.go.jp/soutsu/kyushu/

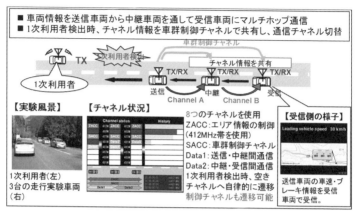

図 5.7 TV ホワイトスペースを用いた車車間通信の実証実験（場所：宮崎県美郷町）

で複数のアプリケーション（テキスト情報と画像情報）を転送する実験を行いました.

2012年に実施した実験の様子を図 5.7 に示します. 実験では, 最初に 2 階層型共通制御チャネルを用いて利用可能な周波数情報を3台の車両で把握し, 各ホップで利用するチャネルを選択します. その後, アプリケーションとしてデータ送信車両（先行車両）の車速・ブレーキ情報（テキスト情報）および急ブレーキ時の画像情報を受信車両に対して 2 ホップ無線通信で伝送しています.

この 2011 年度と 2012 年度の実験は, コグニティブ無線技術を利用して TV ホワイトスペースを車車間通信に用いた「世界初の実験」といえ, 国内および海外から学術的にも産業的にも高く評価されました.

この提案技術を実際の通信環境で利用するためには, 法的なルールの整備などの課題だけでなく, 技術的な課題もまだまだ残されているのが現状です. そこで実証実験を通じて, 技術的な実現性を検証するとともに, 適切な技術基準, 運用ルールなどを明確化するこ

とが必要不可欠になると考えています．

文　献

● 参考文献，引用文献

[1] 水野忠則，内藤克浩 監修：『モバイルネットワーク』，共立出版 (2016)．

[2] 間瀬憲一，阪田史郎：『アドホック・メッシュネットワーク』，コロナ社 (2007)．

[3] 鶴正人ほか：「DTN 技術の現状と展望」，電子情報通信学会，通信ソサイエティマガジン (2011)．

[4] O. Altintas, et al.: "Demonstration of Vehicle to Vehicle Communications over TV White Space", 4th International Symposium on Wireless Vehicular Communications (WIVEC2011), Demo session, 1-3 (2011).

[5] K. Tsukamoto, et al.: "Implementation and Performance Evaluation of Distributed Autonomous Multi-Hop Vehicle-to-Vehicle Communications over TV White Space", Springer Mobile Networks and Applications, 20 (2), 203-219 (2015).

● さらに勉強したい人への推薦図書

[6] B. Karp and H. T. Kung: "Greedy Perimeter Stateless Routing for Wireless Networks", Proc. of Mobicom'00, 243-254 (2000).

[7] M. Conti, et al.: "From MANET to People-Centric Networking: Milestones and Open Research Challenges", Computer Communications, 71, 1-21 (2015).

[8] K. Tsukamoto, et al.: "Cognitive Radio-Aware Transport Protocol for Mobile Ad Hoc Networks", IEEE Transactions on Mobile Computing, 14 (2), 288-301 (2015).

⑥ これからの無線ネットワーク
—IoTネットワーク—

6.1 IoTサービスの概要

1.4節で説明したように,これからは様々なモノがインターネットに接続されるIoT (Internet of Things) の実現が予想されています.このIoTでは,従来の計算機に限らず,様々なモノに通信機能が搭載されて,インターネット経由もしくは直接相互に通信することで,実際の環境の計測・制御を行うことを指します.具体的には,家の中にある照明や家電,住宅機器を「省エネ」や「利便性」という様々な目的を実現する,最適化のためのスマートハウスなどが挙げられています.

様々な機関がIoTに関する予測を発表しています.

(1) 2020年末までに,全世界のIoTオブジェクト(モノ)は2,120億個に達する.
(2) 2022年までに,M2Mトラヒックがインターネット全体のトラヒックの45%に達する.

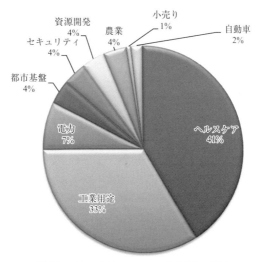

図 6.1 IoT アプリケーションの市場状況の予測
出典 *McKinsey Global Instit.*, 2013

(3) 2025 年までに，IoT による経済のインパクトは，年間 2.7〜6.2 兆ドルに到達する．

図 6.1 に 2025 年の IoT アプリケーションの市場状況の予測を示します．この図より，ヘルスケアと工業用途の利用で 74% を占めていることがわかり，経済的に大きなインパクトを持つことが予想されています．

このように，IoT および関連する産業とサービスは，早いペースで成長すると予想されています．これは，これまで各業界が独立していた市場を分野横断的に連携させ，全く新しい市場を開拓することができるという IoT の特性による成果といえます．図 6.2 に IoT のコンセプトを示します．

6 これからの無線ネットワーク―IoTネットワーク―　165

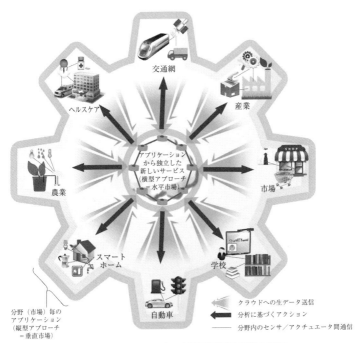

図 6.2　IoT のコンセプト（分野横断型の連携の提案）

出典　A. Al-Fuqaha, *et al.*: *IEEE Communications Surveys & Tutorials*, 17(4), 2015

　この図に示すように，それぞれの市場毎に特化したアプリケーションだけでなく，各デバイスが相互通信することによって，アプリケーションから独立した新しいサービスを提供することが可能となります．1.4 節で説明したように，このアプリケーションに特化したアプローチを縦型アプローチと呼び，アプリケーション間の連携による新たなサービスを IoT によって提供するアプローチを横型アプローチと呼びます．

　この横型アプローチの実現には，数百億個の異なる種類のデバイ

ス(モノ)と，インターネットを介して相互接続されることが必要になります．しかし，それぞれのモノは様々な用途に利用されているため，扱うデータや通信プロトコルも独自に規定されてきました．そこで，これらの固有な特徴を理解した上で，データを共通化して扱うことができる柔軟な階層化アーキテクチャによって，効率的に水平市場のサービスを提供することができると考えられます．

しかし従来の TCP / IP プロトコルスタックでは，ネットワーク層において IoT サービスに必要となるデータ転送を提供する技術，特に IP 通信を行わない技術（識別子として IP を用いないネットワーク）をカバーできないため，そのままでは IoT 環境に適用できないことが予想されます．また，センサなどの資源に制約のある計算機を想定していないという点も問題点となるため，新しいアーキテクチャを提案する必要があり，現在，様々な新しい提案が行われています．

6.2 IoT サービスの構成要素

IoT サービスの実現には，図 6.3 に示す 6 つの要素技術の組み合わせが必要になると考えられています．加えて，表 6.1 に IoT の構成要素を実現する技術の具体例を示します．

IoT サービスの実現には，多様なデバイスからサービス，セマン

図 6.3　IoT の構成要素の概念

出典　A. Al-Fuqaha, *et al.*: *IEEE Communications Surveys & Tutorials*, 17 (4) 2015

表 6.1 IoT 構成要素を実現する技術の具体例

IoT の構成要素		具体例
識別子	名前空間	EPC, uCode
	アドレス	IPv4, IPv6
センシング		スマートセンサ，ウェアラブルセンシングデバイス，組み込みセンサ，アクチュエータ，RFID タグ
通信		RFID, UWB, Bluetooth, BLE, IEEE 802.15.4, WiFi, WiFi-Direct
計算機	ハードウェア	Arduino, Rasberry Pi, BeagleBone, Smart phones
	ソフトウェア	OS = (Contiki, Tiny OS, Android), Cloud (Hadoop)
サービス		オブジェクト識別，情報収集サービス，オートメーション，ユビキタスサービス
セマンティック		通信相手発見，データ解析

ティック[1]までを相互に接続し，利用できるようにする必要があります．しかし現状では，様々なグループから様々な IoT 標準が提案されているため，今後の標準化が期待されます．次節では提案されているプロジェクトについて説明します．

6.3 IoT サービス実現に向けた課題

IoT サービスの実現に向けては，様々な課題があると考えられ，様々なプロジェクトが解決に向けたアプローチを提示しています．ここではそのうちの 1 つで，ネットワーク領域をベースにアーキテクチャを構築している IoT6 プロジェクトについて説明します．まず，**図 6.4** に概念を示します．

---

[1] 情報（データ）の持つ意味を正確に理解・解釈すること．

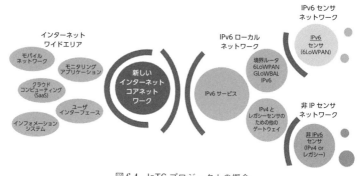

図 6.4 IoT6 プロジェクトの概念
出典 http://iot6.eu

　図からわかるように，IoT サービスでは資源の制約が大きいセンサが膨大に接続されることになるため，全デバイスが IPv6 を利用することは想定できません．そのため，ゲートウェイにて IPv6 に変換する必要があります．その後，コアネットワークにおいてサービスを提供します．

● IoT サービスの移動への対応

　IoT サービスの多くは，移動ユーザに対して提供されることが予想されるため，移動への対応は非常に重要な機能といえます．しかし，デバイスの移動によってゲートウェイ間の切り替えが発生すると，サービス自体が中断されることになります．この問題を解決するためのアプローチとして，キャッシングとトンネリングという2種類の資源の移動手法が提案されています．図 6.5 にキャッシング，図 6.6 にトンネリングの概念を示します．

(1) キャッシング：IoT サービスを提供するプロバイダは，各センサノードから送信されるデータと共に，経由されたゲートウェイを記憶しておきます．この時，ゲートウェイにおいても各セ

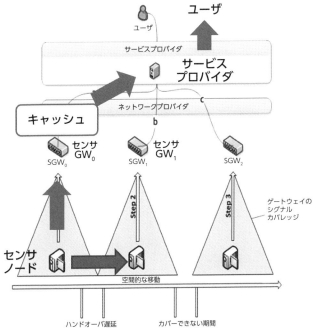

図6.5 IoTサービスの移動への対応—キャッシング手法

ンサから送信されるデータをキャッシュしておき，センサがゲートウェイをハンドオーバする際には，ゲートウェイからサービスプロバイダに向けてデータをプロキシ送信することで，サービスを継続します．しかし，センサの最新情報を取得できない可能性がある点が問題点として挙げられます．

(2) トンネリング：センサがゲートウェイ間をハンドオーバする際に，移動前と移動後のゲートウェイ間でトンネルを確立して，必要な情報を転送します．これによって，ユーザ（ネットワーク）側はハンドオーバ中でもリアルタイムにデータを取得することが可能となります．しかし，センサの移動状況によって

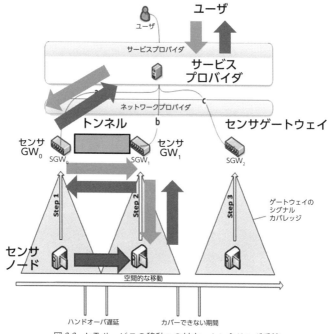

図 6.6　IoT サービスの移動への対応—トンネリング手法

は，トンネル確立やデータ転送回数が増加し，メッセージ交換数が増加する点が問題点として挙げられます．

これらの手法を用いることで，アプリケーションが資源（IoT データ）に対して，センサ情報がハンドオーバによって一時的に利用できない状況であってもアクセス可能となります．また，大量のデバイスの接続性を提供するための効率的なモビリティ管理機構も必要になります．そこで，移動パターンが類似する複数のデバイスでグループを構成し，グループ内のリーダがグループを管理する手法も提案されています．

ここで説明している IoT サービスの信頼性ある提供に向けた移動性能および通信性能の改善を解決するための手段として，モバイルエッジコンピューティング（Mobile Edge Computing）という概念が新たに提案されています．そこで次節では，この概念について説明していきます．

6.4 モバイルエッジコンピューティング

1.4 節で説明したように，「いつでも，どこでも，なんでも，誰とでも」ネットワークにつながるユビキタスネットワーク社会は 2000 年代前半から提案されていました．しかし，その後のスマートフォンやセンサネットワークの普及といった，様々な要素技術の進展を背景として，従来のパソコンやスマートフォン，タブレットといった情報機器だけではなく，様々な「モノ」がセンサと無線通信を介してインターネットに接続され，構成要素の一部となる「モノのインターネット」(Internet of Things) という形で表現されています．

このように様々なセンサが搭載された「モノ」からインターネットを介して集められるデータを一般的にビッグデータ（Big Data）と呼びます．情報通信白書[1]によると，**図 6.7** に示すように，2014 年度のデータ流通量は 9 産業（サービス業，情報通信業，運輸業，不動産業，金融・保険業，商業，電気・ガス・水道業，建設業，製造業）の合計で，約 14.5 エクサバイトに上る見込みという結果になっており，2005 年からの 9 年間で，データ流通量が 9.3 倍まで拡大しています．

どのような種類の情報量が多いのかという点に着目すると，2014 年度の時点では，防犯・遠隔監視カメラデータが 8.5 エクサバイトと最も大きく，次いでセンサデータが 3.5 エクサバイト，POS デー

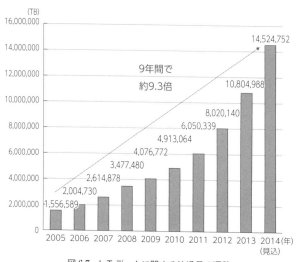

図 6.7 IoT データに関する流通量の遷移
出典　総務省：情報通信白書 平成 27 年度

タが 1.1 エクサバイトと大きなデータ量になっています．

この 9 年間の利用状況の時間変化に着目するために，**図 6.8**（口絵 **4**）に経年変化を示します．左図がデータ量，右図が 2005 年のデータ量を 100 として正規化した値となっています．右図から，動画・映像視聴ログ（12.2 倍）やセンサデータ（12.0 倍），画像診断データ（11.4 倍），防犯・遠隔監視カメラデータ（10.9 倍），気象データ（10 倍）が大きく値を伸ばしていることがわかります．しかし一方で，以前から大きなデータ量だった POS データは 4.5 倍と，あまり伸びていないことがわかります．

● 今後のデータ量の推移予測

画像診断データは，これからの高齢化社会による「患者数の増加」によって，気象データは「より時間的・空間的な意味での高精

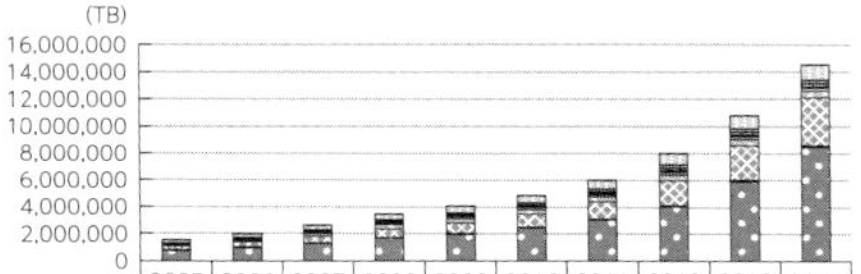

⑥ これからの無線ネットワーク—IoT ネットワーク—

(TB)

	2005	2006	2007	2008	2009	2010	2011	2012	2013	2014(見込)
顧客データ	4	5	6	7	8	9	10	14	16	18
経理データ	100	113	136	161	174	199	228	328	389	450
業務日誌データ	1	1	2	2	3	3	4	5	6	7
POSデータ	245,516	290,976	364,822	454,167	494,141	574,740	669,810	855,928	974,635	1,130,441
Eコマースにおける販売データ	12	15	21	28	32	40	48	61	73	85
電子メール	66,365	79,151	99,762	124,510	135,425	156,004	180,308	223,540	249,157	270,281
CTI音声データ	2,509	3,142	4,163	5,662	6,689	8,379	10,613	14,154	16,871	19,714
固定電話	38,035	47,546	62,519	80,958	86,068	108,641	131,210	167,053	183,224	196,448
携帯電話	17,765	21,883	28,339	36,068	39,441	47,117	56,332	71,289	78,822	85,388
アクセスログ	521	628	799	1,008	1,114	1,303	1,528	1,922	2,185	2,430
動画・映像視聴ログ	673	906	1,292	1,833	2,170	2,733	3,436	4,365	6,052	8,235
Blog,SNS等記事データ	155	202	278	379	447	563	709	961	1,156	1,367
GPSデータ	33,116	90,608	78,398	104,928	182,687	171,484	223,661	302,759	348,336	262,041
RFIDデータ	64,519	109,051	176,352	309,559	340,506	318,111	359,887	407,967	445,081	472,944
センサーデータ	293,287	367,601	486,795	639,348	771,822	935,800	1,284,64	1,829,23	2,568,93	3,509,038
交通量・渋滞情報データ	10,869	14,227	19,737	27,246	31,634	38,970	48,145	60,453	78,593	100,073
気象データ	877	1,102	1,472	1,958	2,401	3,120	4,067	5,826	7,223	8,789
防犯・遠隔監視カメラデータ	781,963	976,963	1,289,39	1,688,82	1,977,29	2,464,65	3,074,31	4,077,22	5,540,31	8,463,878
電子カルテデータ	227	311	448	636	714	862	1,074	1,363	1,617	1,917
画像診断データ	71	96	137	191	242	331	450	597	696	810
電子レセプトデータ	2	2	3	4	4	5	5	7	7	7

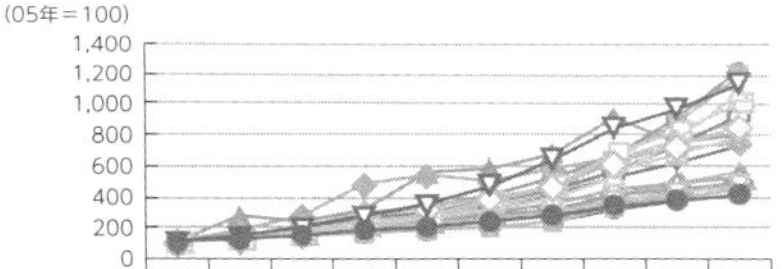

(05年=100)

	2005	2006	2007	2008	2009	2010	2011	2012	2013	2014(見込)
顧客データ	100	112	132	155	173	200	233	313	362	407
経理データ	100	113	135	160	174	199	228	327	388	449
業務日誌データ	100	117	144	177	202	242	291	408	483	559
POSデータ	100	119	149	185	201	234	273	347	397	448
Eコマースにおける販売データ	100	128	174	235	273	333	407	517	614	717
電子メール	100	119	150	188	204	235	272	337	375	407
CTI音声データ	100	125	166	226	267	334	423	564	672	786
固定電話	100	125	164	213	236	286	345	439	482	516
携帯電話	100	123	160	203	222	265	317	401	444	481
アクセスログ	100	120	153	214	250	293	369	419	466	
動画・映像視聴ログ	100	135	192	272	323	406	511	649	900	1,223
Blog,SNS等記事データ	100	130	179	244	288	362	456	619	745	880
GPSデータ	100	274	237	317	552	578	675	914	753	791
RFIDデータ	100	169	273	480	528	493	558	632	690	733
センサーデータ	100	125	166	218	263	340	438	624	876	1,196
交通量・渋滞情報データ	100	131	182	251	291	359	443	556	723	923
気象データ	100	126	168	223	274	356	464	664	823	1,002
防犯・遠隔監視カメラデータ	100	125	165	216	253	315	393	521	760	1,085
電子カルテデータ	100	137	198	280	315	380	456	601	713	845
画像診断データ	100	135	192	268	339	463	630	836	975	1,135
電子レセプトデータ	100	119	148	181	199	235	276	340	373	409

図 6.8 分野別の IoT データ量の遷移(時間変化)(カラー図は口絵 4 参照)

出典 総務省:情報通信白書 平成 27 年版

度な予測の需要の増加」によって，今後も確実にデータ量が増加していくことが予想されます．また，防犯・遠隔監視カメラデータとセンサデータは，今後の2020年の東京オリンピック開催に伴う「防犯意識の高まり」によって，大幅にデータ量が増加することが確実な分野といえます．

様々な「モノ」から収集したビッグデータは，人がマニュアルでデータを入力，解析していた時代とは比べものにならない程，その種類・量ともに爆発的に増大することは間違いありません．また，一見無秩序に見える非構造データを大量に収集するため，この中から法則性を抽出するデータ解析技術が必要不可欠になります．これによって，従来は見逃されていた様々なデータの潜在的価値が発見されるため，データを収集することに対するインセンティブが著しく高まっているのが現状といえ，これがデータ流通量の急速な拡大の一因となっていると考えられます．

● ビッグデータの解析

このようにして収集されたビッグデータの解析のためのアルゴリズムとして，近年は人工知能（AI:Artificial Intelligence）が着目されています．特に，2006年にトロント大学のジェフリー・ヒントン氏らの研究グループが，脳科学の仮説をニューラル・ネットワークに応用したディープラーニング（深層学習）という画期的な手法を提案してから，国内外を問わず，ビッグデータ解析の手法として大きな注目を集めています．

● IoT・ビッグデータ・AIが創造する新たな価値

これまでに説明した「モノのインターネット（IoT）」，「ビッグデータ」，「人工知能（AI）」の関係性について整理してみると，IoTによって様々なデータの収集による「現状の見える化」が可能

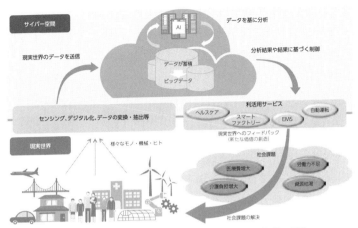

図 6.9　IoT・ビッグデータ・AI の連携による新しい価値の創造
出典　総務省：情報通信白書 平成 28 年版

となります．この各種データを多面的かつ時系列で蓄積した膨大なデータ，つまりビッグデータの処理・分析に AI を用いることで，将来を予測するという関係を確立できることがわかります．

これらのサイバー空間で行われた予測を現実世界にフィードバックし，さらにそこからデータを得て学習するといったサイクルを確立することも可能となります．これを例えば，ロボットといった物理的な機器と組み合わせることで，現実の世界の効率化，高速化，安心・安全の確保に利用することもできる上，将来の予測といった利用も可能となります．図 6.9 に示すように，IoT・ビッグデータ・AI によるサイクルをうまく用いることで，従来の業務の効率化（垂直市場）だけではなく，産業の垣根を越えた異業種による連携（水平市場）も可能となり，様々な分野での応用，つまり新たな価値を創造することが期待されます．

● ビッグデータ流通のためのネットワーク基盤

 一方で,この急増するビッグデータの流通をどのようにして可能にするのかという点については,まだまだ課題も多いと考えます.この実現には,ビッグデータを保管・処理・取得する機能が必要になりますが,1台の高性能計算機がリアルタイムにデータをキャプチャし,管理し,処理することができる能力を遙かに凌ぐ量の膨大なデータとなるため,1台の計算機では実現は困難です.

 そこで,米国 NIST (National Institute of Standards and Technology) によって 2000 年代前半にクラウドコンピューティングというオープンモデルが提案されました.これにより,「ネットワーク,サーバ,アプリケーション,サービス」などのネットワーク資源を柔軟にオンデマンドで共有することが可能となりました.つまり,クラウドサービスは個人や企業に遠隔の第三者の信頼性あるソフトウェア/ハードウェア資源を安価で提供することを可能にする画期的なアイデアといえます.

 IoT 社会の実現には,センサやアクチュエータといった膨大な数の組み込みデバイスから生成されるビッグデータに対して,ディープラーニングなどのビッグデータ解析技術を組み合わせて使うことが必要不可欠になります.特に,リアルタイムかつ高精度なサービス提供に向けては,データのスマートかつ効率的な保管・管理が必要です.これを実現するのがネットワーク基盤の構築となります.以下ではネットワーク基盤技術に着目して説明します.

 これまでも Hadoop や SciDB といったビッグデータ解析のためのオープンプラットフォームは提案されてきましたが,これらのツールでは膨大なデータ量になるビッグデータをリアルタイムに処理し,IoT サービスを提供することができません(オフライン処理が主流).また,IoT は特定のアプリケーションに対するデータ解

析だけではなく，複数の IoT アプリケーションに対してサービスを提供可能な，共通のビッグデータ解析プラットフォームが必要になります．解決策の1つとしては，全データに対して解析処理を行うのではなく，本当に必要なデータのみに対して，管理・解析を行うことです．ただし，このビッグデータ解析と知識の抽出のために，前述のクラウドコンピューティングを用いると，以下に示す問題点が発生することが予想されます [2]．

(1) データの同期の困難さ：サービスは多様なクラウドプラットフォーム上で提供されるため，異種クラウドベンダー間でのデータの同期が問題となります．

(2) 標準化の必要性：異なるベンダー間での協調のためには IoT クラウドベースサービスのための新たな標準化が必要になります．

(3) クラウドサービスと IoT サービスの調整：一般的なクラウドサービスと IoT サービスの要求が異なるため，互換性の確保が課題となります．

(4) 要求される信頼性の違い：IoT デバイスとクラウドプラットフォームの間では，求められるセキュリティ条件が大きく異なります．

(5) 管理方針の違い：クラウドコンピューティングと IoT システムは異なる資源と要素によって構成されているため，管理方針が異なります．

(6) 品質向上の困難さ：IoT サービスをクラウドベースで実現するには，カスタマーの期待に応えるサービス提供を保証することが必要です．

これまでに IoT サービスの提供にクラウドプラットフォームを

利用する取り組みが多数行われているものの，その全ての提案が，クラウドの利用時において全データを世界各地に設置された複数のデータセンタのいずれかに送信し，管理することを前提としていました．しかし，従来の計算機間の通信に加えて，少量なデータだが，膨大かつ頻繁な通信が発生する M2M 通信など，特徴が異なる通信が混在する IoT 社会の実現に向けては，従来のいわゆる TCP / IP ネットワークプロトコルスタックでは，これらの要求を満足できないことは明らかです．

● **フォグ／モバイルエッジコンピューティング**

そこで近年，新たに着目されているのがフォグコンピューティングと呼ばれる概念です．フォグコンピューティングは，2014 年にシスコシステムズ社によって提案された概念で，従来から存在したスマートデバイスとクラウドコンピューティング／ストレージサービスの間に存在する機器でネットワークを構築し，これら 2 つの間でブリッジのような役割を担うという概念です．このフォグコンピューティングと極めて類似する概念として，モバイルエッジコンピューティングも提案されています．

モバイルエッジコンピューティングを導入することで，従来まではクラウドコンピューティングで提供していたサービスをネットワークのエッジ部分まで拡張することができます．従来のクラウドデータセンタの位置と比較すると，エンドユーザに極めて近い位置でサービスを提供できるため，良好な遅延性能を実現できる可能性があります．**図 6.10** にモバイルエッジコンピューティングの概念を示します．

図からわかるように，モバイルエッジネットワークとクラウドネットワークの間にはその規模（スケール）に大きな違いがありま

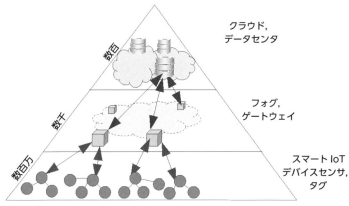

図 6.10 モバイルエッジコンピューティングの概念

出典 A. Al-Fuqaha, *et al.*: *IEEE Communications Surveys & Tutorials*, 17 (4), 2015

す．クラウドネットワークはモバイルエッジネットワークと比較して十分な計算能力，ストレージ，通信性能を保持しています．ここで重要になるのが，モバイルネットワーク提供事業者は，自身が管理・運営するサービスネットワーク内（もしくは1つの基地局の範囲内）だけでモバイルエッジサービスをIaaS（Infrastructure as a Service），PaaS（Platform as a Service），or SaaS（Software as a Service）モデルの1つとして，提供することが可能になる点です．つまり，モバイルネットワークの提供事業者がモバイルエッジコンピューティングのプロバイダになり得ます．実際に IETF の 3GPP（Third Generation Partnership Project）や 3GPP2（Third Generation Partnership Project 2）においてもモバイルエッジコンピューティングに関する仕様が検討されており，モバイルネットワーク提供事業者が多数参加していることからも，その注目度合いの高さを測れます．

● **標準化活動動向**

フォグコンピューティングのアーキテクチャについて議論する大きな団体としては，OpenFog Consortium が挙げられます．これは 2015 年の 11 月に，シスコシステムズ社，デル社，インテル社，マイクロソフト社が中心となって立ち上げ，日本支部として OpenFog Japan Regional Committee が 2016 年 5 月に設立されました．この組織には，東芝，さくらインターネット，富士通，NTT コミュニケーションズなどの企業が参加しており，大きな注目を集めていることがわかります．

これに対し，モバイルエッジコンピューティングは，2 章で説明した次世代無線通信システム 5G に関する団体（例：5GMF（The Fifth Generation Mobile Communications Promotion Forum））などにおいて積極的に議論されています．

● **モバイルエッジコンピューティングの利点**

IoT サービスの提供を実現するネットワーク基盤技術という観点から見ると，モバイルエッジサービスがクラウドベースサービスに対して次の点で優位性を持っていることがわかります [2]．

(1) ロケーション：ネットワーク資源（CPU，ストレージ，データ）がスマートデバイスとクラウドデータセンタの間に存在するため，通信に伴って発生する遅延性能が短縮でき，良好になります．

(2) 分散性：ストレージ，計算処理，通信性能に関しては，制約のあるマイクロデータセンタと位置づけることができるため，クラウドデータセンタと比較して一般的に低コストでエンドユーザの近くにマイクロデータセンタを数多く設置することが可能になります．

(3) スケーラビリティ：IoT システムに対してスケーラビリティを

提供できます．例えば，エンドユーザ数の増加時には，マイクロデータセンタの設置数を増加させることで対応できます．一方で，新しいクラウドデータセンタの建設コストは膨大になるため，柔軟なデータセンタの増加はクラウドでは実現できないと考えられます．

(4) デバイスの稠密化：デバイス数の急激な増加に対して，エッジネットワークで対処するため，迅速かつ効率的な同時通信を提供できると考えられます．

(5) 移動性（モビリティ）のサポート：ネットワークおよび計算資源がエンドユーザの近くに配置されるため，モバイルクラウドとしても動作し，効率的にモビリティを提供できます．

(6) リアルタイム性：リアルタイムでインタラクティブなサービスを，良い性能で提供することが可能です．

(7) 標準化：モバイルエッジネットワークの資源は，多種多様なクラウドプロバイダと協調して動作することができると考えられます．

(8) オンザフライ解析：モバイルエッジネットワークの資源は，クラウドデータセンタで行う高度な処理の前処理として，生データではなく，一部処理したデータをクラウドネットワークに対して送信するために，部分的なデータ集約を実施します．

このように，モバイルエッジコンピューティングでは，クラウドネットワーク内部のローカル資源で行っていた高度処理のサービスの一部を事前に実施するため，IoT アプリケーションの全体性能を改善できる可能性がある技術といえます．

● 今後の方向性

モバイルエッジコンピューティングでは，携帯電話や自宅のゲー

トウェイといった「基地局よりもさらにユーザに身近なスマートデバイス」を使う概念も提案されています．しかし，この流れとは別に，エッジデバイスにおける信頼性，モビリティ，データのセキュリティ確保などの実現方法に関して数多くの提案が行われています．

　上記を含めたモバイルエッジコンピューティングに関する取り組みの全体的な方向性は以下のようになります．

(1) IoT，M2M の時代では，膨大な数の通信デバイスがインターネットに接続されるため，膨大な数の ID 識別作業が必要となります．この作業に対して，モバイルエッジコンピューティングによって実現される分散処理を適用することで，識別子を地理的に集約することが可能となります．つまり，地産地消でデータ処理を行うことができます．

(2) あらゆるモノに ICT 機能が搭載されるため，消費電力量が増加するので，省電力化（グリーン ICT）が重要な課題といえます．モバイルエッジコンピューティングによって基地局などでデータを分散処理すると，ネットワーク全体の省電力化につながります．

(3) ネットワークはデータ伝送のみではなく，データの集中処理と分散処理を様々な条件に基づいて振り分けて実施するようになります．特に分散処理によって必要なコンピューティングの一部でもユーザに近い位置（もしくはユーザ自身）で実施すれば，ネットワークや中央コンピュータの負荷を下げることができると考えます．

　このようにモバイルエッジコンピューティングは，IoT サービスの実現手法として，今後の発展が期待されます．本当の意味で IoT サービスが実現した時に，"つながる世界" が人間の社会活動と同

等か，それ以上まで広がった，究極の無線ネットワークシステムが実現できたといえるでしょう．

文　献
● 参考文献，引用文献
[1] 総務省：情報通信白書 平成 27 年版：
http://www.soumu.go.jp/johotsusintokei/whitepaper/ja/h27/pdf/27honpen.pdf

[2] A. Al-Fuqaha, *et al*.: "Internet of Things: A Survey on Enabling Technologies, Protocols, and Applications", *IEEE Communications Surveys & Tutorials*, 17 (4), 2347-2376 (2015).

[3] J. Gantz and D. Reinsel: "The Digital Universe in 2020: Big Data, Bigger Digital Shadows, and Biggest Growth in the Far East", *IDC iView*: *IDC Anal. Future*, 2007, 1-16 (2012).

[4] D. Evans: "The Internet of things: How the Next Evolution of the Internet Is Changing Everything", *CISCO White Paper* (2011).

[5] S. Taylor: "The Next Generation of the Internet Revolutionizing the Way We Work, Live, Play, and Learn", *CISCO Point of View* (2013).

[6] J. Manyika, *et al*.: "Disruptive Technologies: Advances That Will Transform Life, Business, and the Global Economy", *McKinsey Global Instit.* (2013).

[7] 総務省：情報通信白書 平成 28 年版：
http://www.soumu.go.jp/johotsusintokei/whitepaper/ja/h28/pdf/28honpen.pdf

● さらに勉強したい人への推薦図書
[8] NTT データほか：『絵で見てわかる IoT/センサの仕組みと活用』，翔泳社 (2015)．

[9] 日経コンピュータほか:『すべてわかる IoT 大全 モノのインターネット活用の最新事例と技術』(日経 BP Next ICT 選書),日経 BP 社 (2014).

IoT時代が到来する今,それを支える先進的無線ネットワークシステムのしくみを学ぼう

コーディネーター　尾家祐二

　近年の情報通信技術の加速度的な進歩によって,ネットワークの普及と更なる高度化が進み,今日では,大量の情報を多くの人が共有,交換することが可能になりました.社会の繁栄が,様々な分野の専門化,分業化と共にそれらの連携,交流,さらには共感によってもたらされていると捉えると,個人や組織が互いに交流し合えるしくみは,今後もさらに重要性を増し,ネットワークが果たす役割も大きくなると考えられます.

　すでに私達の生活に深く浸透しているインターネットは,1969年に初めての接続実験が行われてから,もうすぐ50年になろうとしています.この間に,通信速度およびそれに接続されている計算機の数は飛躍的に伸びました.当初の通信速度は数十〜数百Kb/sでしたが,今では,九州工業大学のキャンパス間のネットワークでも数十Gb/sになっています.これは10万〜100万倍ほどの増加にあたります.インターネットに接続される機器も,当初は大きな筐体に収納されたり,机の横などに置かれるような計算機が主でしたが,今では,スマートフォンや家電製品を含め様々なものが接続されています.そして,さらには,計算機によるインターネットから様々な「モノ」がつながるインターネットであるIoT (Internet of Things) へと変貌することが期待されており,接続される「モノ」の数は数百億個にも達すると言われています.

　インターネット利用の拡大とともに,より人に寄り添うネット

ワークとして，動く人をつなげ，さらに様々なものをつなげやすくする．無線化されたネットワークが普及してきたのは，自然な流れと言えます．そして，いまや無線ネットワークで運ばれる情報量は飛躍的に増加し続け，その急増に対応するべく，様々な技術が開発され，私達はその恩恵に浴しています．さらには，まさに今，新たな第5世代無線ネットワークシステムに関する研究開発が進められています．

IoT時代が到来すると言われている現在，関連技術の研究開発に従事する方々はもちろん，それを利用する方々が，IoTシステムを支える先進的な無線ネットワークシステムのしくみや技術に興味を持っていただければ，大変光栄です．そして，そのことは，IoTの今後の持続的な発展と浸透のためには，大変有益であると信じます．

本書では，まず基本的な質問として，

・無線ネットワークシステムはこれまでどのように活用され，今後どのように活用されるか？
・無線ネットワークシステムはどのようなしくみで実現されているか？
・無線ネットワークの利用が拡大する際の課題とそれをどのようにして解決しているか，またはしようとしているか？
・当然のこととして，利用者が移動しながら通信を継続できているが，そのしくみと必要な技術は何か？

を取り上げ，それらに答え，さらには新たな無線ネットワークシステムとして，次のようなネットワークを取り上げています．

・新たなつながり方として，無線で中継して通信し合う，無線マルチホップネットワークとは，どのようなネットワークか？
・新たな無線ネットワークとして，IoTのネットワークはどのようなネットワークか？

本書の著者である塚本和也さんは，10年以上にわたって無線ネットワークシステムに関する様々な課題に取り組んでいる若手研究者です．特に，3章で取り上げられている，無線の飛躍的な利用拡大に対応する技術としてのコグニティブ無線技術，また4章で取り上げられている，利用者が移動しながら，様々な無線ネットワークを利用し続けるためのしくみや通信技術に関する研究，さらに5章で取り上げられている，新たな無線ネットワークシステムである車両アドホックネットワーク研究などの分野において，精力的な活動を行っています．

本書では，著者の専門的な知識や実証実験の経験を活かして，無線ネットワークシステムの基本的なしくみと技術をわかりやすく紹介し，興味を継続させて，読み続けることができるように，身近なスマートフォンに搭載されている様々なネットワーク新技術にも触れています．さらには，この分野に興味を抱き，将来の研究開発者となる人達のために，最先端の技術および今後の展望も見据えた内容を含むなど，意欲的な構成になっています．

以下では，本書の概要について，各章ごとに紹介します．まず第1章では，無線ネットワークシステムを，少し離れた所から眺めることで得られる様々な情報が提示され，私達の生活に深く浸透している現状を再確認するとともに，時間軸を遡り，今日の無線ネットワークシステムに至るまでの技術の発展の過程と目覚ましい普及を理解し，さらには時間軸を未来に延長して，将来の状況を想像することができる機会が提供されています．東日本大震災の教訓を生かした災害対応無線LANサービスの取り組みの紹介，さらにはIoTについても触れられ，時宜を得た内容になっています．

つづいて第2章では，無線ネットワークシステムの内部に視点を移し，それを実現するためのしくみと技術に焦点を当てています．

携帯電話システムは技術的に著しい進歩を遂げており，主な技術の変化に伴って，「世代」という言葉で，その違いが表現されています．アナログ通信が用いられていた第1世代からデジタル通信に変わった第2世代は，とりわけ大きな変化でした．今，まさに第5世代の携帯電話システムの研究開発が行われているところですが，本章では大容量化を実現するための，これまでの様々な技術革新について詳細に説明されています．私達に身近なもう一つの無線ネットワークである無線LANについても，その技術が詳細に説明されています．さらには，今や生活必需品となったスマートフォンに搭載されている最新無線LAN技術やテザリング機能を用いて，利用者自身がネットワークを構築する新しい通信形態についても紹介され，読者に広く興味を持っていただける内容になっています．

そして，第3章では，無線通信にとって最も重要な資源である無線周波数資源に着目しています．無線ネットワーク利用が急増する今日において，情報を運ぶ無線周波数資源の特徴を改めて理解し，さらなる利用の増大に対応するための課題と解決するための努力について理解を深める内容になっています．電波は，周波数によって，単位時間当たりに運べる情報量と電波の届く距離が異なるため，通信に適した周波数帯は大変限られています．すなわち，通信に利用可能な周波数資源は私達の貴重な財産であり，日本では総務省が管理しています．したがって，それを有効活用するための努力は，今後さらに重要性を増すものと考えます．コグニティブ無線技術は，周波数資源を共有化することによって効果的に利用する技術として今後活用が期待されており，最新情報が紹介されています．

第4章で着目しているのは，人が移動しながら通信を継続するしくみです．今後は，携帯電話，高速無線LAN等，様々な無線ネットワークシステムを利用することが可能となるため，適切なネット

ワークの選択と切り替えを行うことが必要になります．その際に，インターネット通信において生じる可能性がある課題とその解決のための努力を紹介しています．インターネット技術は，当初，移動しない端末を想定して設計されており，移動への対応のために，様々な技術が追加されています．それらの技術が紹介されています．

　以上の章で扱っていた無線通信は，携帯電話システムでは基地局，無線LANではアクセスポイント（AP）と端末（STA）の間の通信でした．これに対し第5章では，基地局やAPなどのインフラ（基盤）に頼らないネットワークであるアドホックネットワークを扱っています．無線通信インフラからの電波が届かず通信できない場合でも，物理的に近い端末の間で通信可能なネットワークです．したがって，通信可能な領域を拡大できる技術であるとも言えます．IoTネットワークとして普及が期待されるセンサネットワーク，常にはつながっていなくても通信可能な遅延耐性ネットワーク（DTN），今後さらに進化が期待される車両ネットワークなど興味深い事例が取り上げられています．

　第6章では，今，多くの関心を集めている「モノのインターネット（IoT）」が取り上げられています．様々なものがネットワークに接続される時代について，日本ではかつてユビキタスネットワークという名称で，研究開発が活発に行われていました．2005年のITU Internet Reportのタイトルは，まさに"The Internet of Things"でした．そこでは日本におけるユビキタスセンサネットワーク等の研究開発状況も紹介されています．実空間の様々な情報をネットワークで集めて処理し，そして実空間のモノを制御するシステムであるCyber-Physical System（CPS）などもその延長上にあります．

そして今日，Industry 4.0 などの具体的な応用事例の実現に向けIoT が注目を集めています．本書の第 6 章では，想定される IoT サービスとそれらの実現に向けた課題が紹介されており，今後この分野を学ぶ方の参考になるでしょう．

最後になりましたが，本書を通して，無線ネットワークシステムに興味を持つ方がさらに増え，人に寄り添い，人の活動を支援する無線ネットワークシステムがさらに発展することを願い，結びの言葉と致します．

索　引

【英数字】

00000JAPAN　16
16 QAM　37
1xEV-DO　37
1xEV-DO Rev.A／B　38
2.4 GHz 帯　43
256 QAM　55
3.9 世代　38
3GPP　42,179
3GPP2　179
4G LTE　41
4G LTE　38
5G LTE　41
5 GHz 帯　43
5GMF　42,180
64 QAM　38
802.11 ac　13
802.11 委員会　13
802.16e　105
AI　174
ALOHANET　12
AODV　152
AP　44,78
AR　127
ARPA　144
Bluetooth　58,61
Break-Before-Make HO　105
BSS　45
BU Cache　126

BU（Binding Update）メッセージ　120
BWA　58
CCK　52
CDMA　33
cdma2000 方式　35
CEPT　87
CN　120
CoA　120
CSMA／CA 方式　44,46
CW　49
DCF　48
DFS　44
DHCP　120
DIFS　48
DNS　114
DSA　90
DSS　45
DSSS　45
DTN　148
Dual Stack モバイル IPv6　128
Enhance TCP　137
Epidemic Routing　154
ESS　45
FA　119
Facebook　5
Fast-BS-Switch HO　105
FCC　82
FCS　47
FHSS　45

FM 変調方式　28
FON　104
FQDN　114
FTTH　36
GNU Radio　159
GPS　36
GPSR　153
GR　152
GSM　33
HA　119
Haddr　120
Hadoop　176
HetNet　106
HSDPA　37
HSPA　38
HSUPA　37
IaaS　179
IC カード　65
IDA　87
IEEE　13
IEEE 802.21　138
IEEE802.11a　52
IEEE802.11ac　54
IEEE802.11b　52
IEEE802.11g　53
IEEE802.11n　53
IEEE802.15　60
IEEE802.16（WiMAX）　58
IEEE802.16e　59
IETF　179
IFS　47
IMT-2000　8, 34
Infotainment　156
IoE　23
IoT　17, 21
IoT6 プロジェクト　167
IPsec　124
IP モビリティ　118

ISM バンド　43
IS-54　33
ITU　7
LINE　5
LMA（Local Mobility Anchor）　129
LTE　38
LTE-advanced　41
LWAPP　103
M2M　23
Macro Diversity HandOver　105
MAG（Mobile Access Gateway）　129
Make-Before-Break HO　105
MAN　57
MANET　144
MAP（Mobility Anchor Point）　126
Migrate オプション　131
MIMO　53
MIMO 技術　38
MN　120
Mobile Edge Computing　171
mobile SCTP　132
MPTCP（MultiPath TCP）　133
NAV　51
NEMO　128
Ofcom　82
OFDM　52
OFDMA　40
OLSR　151
OpenFog Consortium　180
opportunistic マナー　90
OSI 参照モデル　108
PaaS　179
PCF　48
PDC　33
PHS　7
PIFS　48

索引

Proxy モバイル IPv6　129
QoS　39
QPSK　37
Return Routability　125
RFC　119
RSSI　137
RTS / CTS　50
RTT　39
SaaS　179
SciDB　176
SC-FDMA　40
SCTP　131
SIFS　48
SIP モビリティ　134
SNS　5
Spray and Wait 手法　155
TCP / IP 参照モデル　108
TCP / IP ネットワークアーキテクチャ　107
TDMA　33
TTI　37
TV ホワイトスペース　86
UHF 帯　74
USRP2 N210　159
UWB　61
VANET　149
VoIP（Voice over IP）　134
W52　44
W53　44
W56　44
WiMAX　58, 105
WiMAX 2+　106
WiMAX フォーラム　60
Wireless PAN　60
WMN　146
WRC　43
W-CDMA 方式　35
WSN　147

YouTube　5
ZigBee　58, 62
ZigBee アライアンス　62

【あ】

アナログ FM 方式　28
アプリケーション層　109
新たな電波の活用ビジョンに関する検討チーム　88
イーサネット　13
一次変調方式　37
移動支援技術　115
移動支援プロトコル　116
イングレスフィルタリング　122
インタードメイン-ハンドオーバ　112
インテリジェントホームネットワーク　92
イントラドメイン-ハンドオーバ　112
インフラストラクチャ・モード　102
ウェアラブルデバイス　18
往復パケット転送遅延時間　39
オートノーマスカー　18, 20
オール IP 化　39, 116
おサイフケータイ　65
オフロード　15
オンザフライ解析　181

【か】

回折波　70
回線交換　31
回線交換機　31
階層化モバイル IPv6　126
拡張版 cdma2000　41
隠れ端末問題　50
簡易型携帯電話システム　7
環境センシング　148
干渉　72
感染型ルーティング　154

基地局　78
キャッシング　168
キャリアセンス　46
九州総合通信局　159
屈折波　70
クラウドコンピューティング　176
クラウドネットワーク　19
クロスレイヤ機構　139
携帯電話ネットワーク　99
経路最適化　124
ゲートウェイ　32
公衆電報サービス　6
公衆無線 LAN サービス　15
光波　69
国際電気通信連合　7
国際標準化機構　107
コグニティブ無線技術　88
コネクションハイジャック　124
コネクテッドカー　18,20

【さ】

ジオグラフィックルーティング　152
シグナリングトラヒック　126
次世代 ITS　92
車両アドホックネットワーク　149
周波数　67
周波数繰り返し　99
周波数ホッピング方式　45
受信電波強度　137
情報通信開発庁　87
自律ロボット　21
シンク　147
人口カバー率　102
人工知能　174
深層学習　174
垂直ハンドオーバ　113
水平ハンドオーバ　113
スーパー WiFi　86

スケーラビリティ　180
スタティックチャネルアクセス　56
ストリーム　53
スペクトラム拡散方式　45
スマートハウス　163
世界無線通信会議　43
セカンダリチャネル　55
セカンダリユーザ　89
赤外線通信方式　45
セッションモビリティ　119
セル　78
セルラー方式　99,105
双方向トンネル　124
ソフトウェア無線　90
ソフトハンドオーバ　101

【た】

第 1 世代　27,28
第 2 世代　29
第 3.5 世代　36
第 3 世代　34
第 3 世代移動通信システム　8,34
第 4 世代　38
第 5 世代　41
ダイナミック DNS　134
ダイナミックスペクトラムアクセス　90
ダイナミックチャネルアクセス　56
多重アクセスプロトコル　12
縦型アプローチ　165
単一点障害　123
端末識別子　111,120
遅延耐性ネットワーク　148
チャネルボンディング機能　53
稠密化　181
直接波　70
ディープラーニング　174
データリンク層　110

テザリング　64
テザリング設定　18
デジタル化　29
電磁界　69
電磁波　67
電子マネー　36
電波　69
電波法　69
電話サービス　6
トラヒックオフロード　79
トランスポート層　109
トランスポートモビリティ　118
トンネリング　168
トンネル通信　121
貪欲ルーティング　153

【な】

ネットワーク識別子　120
ネットワーク層　109
ネットワーク部　111
ノマディック（遊牧民的）ネットワーキング　102

【は】

バイキャスティング　127
パケット通信方式　30
バックオフアルゴリズム　47,48
バッファリング　127
反射波　70
ハンドオーバ　101
ハンドオフ機能　101
ピコセル　100
ビッグデータ　174
ファストモバイル IPv6　126
フェージング　71
フェムトセル　100
フォグ　178
物理層　110

プライマリチャネル　55
プライマリユーザ　89
フレーム再送　50
フレーム再送回数　138
フレーム衝突　50
プロアクティブ　151
プロキシ送信　169
米国電気電子技術者協会　13
ヘテロジニアスネットワーク　106
変調速度　73
放射線　69
ポケットベル　7
ホスト部　111
ホットスポット　14,102
ホワイトスペース　85
ホワイトスペース推進会議　88

【ま】

マイクロセル　100
マイクロ波帯　74
マクロセル　78
マルチパス経路　70
マルチホーミング　132
マルチホームサポート　128
マルチメディアサービス　8
無線 LAN　13
無線 PAN　60
無線周波数資源　81
無線センサネットワーク　147
無線メッシュネットワーク　146
面ルーティング　153
モノのインターネット　17
モバイル IPv4　119
モバイル IPv6　123
モバイル WiMAX　59
モバイルアドホックネットワーク　144
モバイルエッジコンピューティング

171, 178
モバイル無線 LAN ルータ　62

【や】

有線 LAN　13
ユビキタスネットワーク　17
横型アプローチ　165

【ら】

リアクティブ　152
ルータ　32
ローミング　46, 103
ロケータ　111, 120

【わ】

ワンセグ放送　65

著 者

塚本和也（つかもと かずや）

2006年 九州工業大学大学院情報工学研究科情報システム専攻博士後期課程修了
現　在 九州工業大学大学院情報工学研究院 准教授 博士（情報工学）
専　門 情報ネットワーク工学

コーディネーター

尾家祐二（おいえ ゆうじ）

1980年 京都大学大学院工学研究科数理工学専攻修士課程修了
現　在 九州工業大学学長 工学博士
専　門 情報ネットワーク工学

共立スマートセレクション 15
Kyoritsu Smart Selection 15
無線ネットワークシステムのしくみ
―IoTを支える基盤技術―
Mechanism of Wireless Network Systems

2017年3月25日 初版1刷発行

検印廃止
NDC 547.5
ISBN 978-4-320-00915-8

著　者　塚本和也 © 2017
コーディ
ネーター　尾家祐二
発行者　南條光章
発行所　共立出版株式会社
　　　　郵便番号　112-0006
　　　　東京都文京区小日向 4-6-19
　　　　電話　03-3947-2511（代表）
　　　　振替口座　00110-2-57035
　　　　http://www.kyoritsu-pub.co.jp/

印　刷　大日本法令印刷
製　本　加藤製本

一般社団法人
自然科学書協会
会員

Printed in Japan

JCOPY <出版者著作権管理機構委託出版物>

本書の無断複製は著作権法上での例外を除き禁じられています．複製される場合は，そのつど事前に，出版者著作権管理機構（TEL：03-3513-6969，FAX：03-3513-6979，e-mail：info@jcopy.or.jp）の許諾を得てください．

見つかる(未来), 深まる(知識), 広がる(世界)

共立 スマート セレクション

本シリーズでは,自然科学の各分野におけるスペシャリストがコーディネーターとなり,「面白い」「重要」「役立つ」「知識が深まる」「最先端」をキーワードにテーマを精選しました。第一線で研究に携わる著者が,自身の研究内容も交えつつ,それぞれのテーマを面白く,正確に,専門知識がなくとも読み進められるようにわかりやすく解説します。日進月歩を遂げる今日の自然科学の世界を,気軽にお楽しみください。

【各巻:B6判・並製本・税別本体価格】

❶ 海の生き物はなぜ多様な性を示すのか
―数学で解き明かす謎―
山口 幸著/コーディネーター:巌佐 庸
・・・・・・・・・・176頁・本体1800円

❷ 宇宙食―人間は宇宙で何を食べてきたのか―
田島 眞著/コーディネーター:西成勝好
目次:宇宙食の歴史/宇宙食に求められる条件/他・・・・・・126頁・本体1600円

❸ 次世代ものづくりのための 電気・機械一体モデル
長松昌男著/コーディネーター:萩原一郎
目次:力学の再構成/電磁気学への入口/物理機能線図/他・・・・200頁・本体1800円

❹ 現代乳酸菌科学―未病・予防医学への挑戦―
杉山政則著/コーディネーター:矢嶋信浩
目次:腸内細菌叢/肥満と精神疾患と腸内細菌叢/他・・・・・・142頁・本体1600円

❺ オーストラリアの荒野によみがえる原始生命
杉谷健一郎著/コーディネーター:掛川 武
目次:「太古代」とは?/太古代の生命痕跡/他・・・・・・・・248頁・本体1800円

❻ 行動情報処理―自動運転システムとの共生を目指して―
武田一哉著/コーディネーター:土井美和子
目次:行動情報処理のための基礎知識/行動から個性を知る/他 100頁・本体1600円

❼ サイバーセキュリティ入門
―私たちを取り巻く光と闇―
猪俣敦夫著/コーディネーター:井上克郎
・・・・・・・・・・240頁・本体1600円

❽ ウナギの保全生態学
海部健三著/コーディネーター:鷲谷いづみ
目次:ニホンウナギの生態/ニホンウナギの現状/他・・・・・・168頁・本体1600円

❾ ICT未来予想図
―自動運転,知能化都市,ロボット実装に向けて―
土井美和子著/コーディネーター:原 隆浩
・・・・・・・・・・128頁・本体1600円

❿ 美の起源―アートの行動生物学―
渡辺 茂著/コーディネーター:長谷川寿一
目次:経験科学としての美学の成り立ち/美の進化的起源/他・・・164頁・本体1800円

⓫ インタフェースデバイスのつくりかた
―その仕組みと勘どころ―
福本雅朗著/コーディネーター:土井美和子
・・・・・・・・・・158頁・本体1600円

⓬ 現代暗号のしくみ
―共通鍵暗号,公開鍵暗号から高機能暗号まで―
中西 透著/コーディネーター:井上克郎
目次:暗号とは?/他 128頁・本体1600円

⓭ 昆虫の行動の仕組み
―小さな脳による制御とロボットへの応用―
山脇兆史著/コーディネーター:巌佐 庸
目次:姿勢を保つ/他 184頁・本体1800円

⓮ まちぶせるクモ―網上の10秒間の攻防―
中田兼介著/コーディネーター:辻 和希
目次:まちぶせと網/仕掛ける/誘いこむ/止める/他・・・・・156頁・本体1600円

⓯ 無線ネットワークシステムのしくみ
―IoTを支える基盤技術―
塚本和也著/コーディネーター:尾家祐二
・・・・・・・・・・210頁・本体1800円

● 主な続刊テーマ ●
シュメール人の数学/生態学と化学物質とリスク評価/他
(続刊テーマは変更される場合がございます)

http://www.kyoritsu-pub.co.jp/　共立出版　(価格は変更される場合がございます)